AF648987

Als der Trecker kam und das Pferd verschwand

Landwirte erinnern sich

Marion Wilk und Ernst Matthiesen (Hrsg.)

LV.Buch

INHALT

Damals der ganze Stolz des bäuerlichen Familienbetriebes: ein echter eigener Fahr, mit dem bequem gearbeitet werden konnte.

VORWORT

WARUM DIESES THEMA?

Der Trecker hat die Landwirtschaft revolutioniert. Waren in der ersten Hälfte des 20. Jahrhunderts starke Pferde noch unentbehrlich, setzte sich in der 1950er Jahren die Vollmotorisierung durch: Es gab so viele verschiedene Marken und Zulassungen wie nie! Was aber hat dieser Wechsel für die einzelnen Landwirte bedeutet – welche Veränderungen gab es auf ihrem Hof, und welche Herausforderungen mussten sie meistern, um mit dieser neuen Technik fertig zu werden?

Das wollten wir – als Journalisten, Autoren und Filmemacher – angesichts der gegenwärtig sich rasant verändernden Agrarwirtschaft genauer wissen. Immerhin leben wir seit 2013 selbst auf dem „platten Land" in der norddeutschen Elbe-Weser-Region, umringt von Wiesen und Ackerflächen, mit Kühen am Gartenzaun und Bauern in der Nachbarschaft (mit denen wir oft und gern ins Gespräch kommen). Frei nach dem Motto „Je mehr man von etwas weiß, desto größer wird das Interesse" haben wir deshalb eine ausgeprägte Affinität zur bäuerlichen Landwirtschaft entwickelt – auch was ihren historischen Kontext anbetrifft.

Doch um Antworten auf unsere Fragen zu finden, die nach dem Zweiten Weltkrieg und bis Ende der 1950er Jahre ihren Ausgangspunkt haben, mussten wir zunächst auskunftsfreudige Zeitzeugen suchen – und von denen gibt es nicht mehr allzu viele! Nach intensiver Recherchearbeit haben wir drei Landwirte gefunden, die bereit waren, sich mit uns auf das Thema einzulassen. Sie erinnern sich im vorliegenden Buch begeistert und mit viel Kenntnisreichtum und Humor an ihre Erfahrungen und Erlebnisse mit den Pferden und ersten Schleppern auf ihrem Hof.

Die Erzählungen der Landwirte erwecken die damalige Zeit nicht nur wieder zum Leben – sie

Die enorme Leistung der Landwirte vor der Mechanisierung ist heute kaum vorstellbar – auch wenn ihre Produktivität mit späterer Technik nicht vergleichbar ist.

sind auch sehr beeindruckend. Und so kann man gar nicht genug Hochachtung haben, wenn man sich klarmacht, unter welch schwierigen Verhältnissen so viele Menschen zu jener Zeit auf dem Land gelebt und gearbeitet haben – zumal sie es waren, die mit ihrer Hände Arbeit die Gesellschaft größtenteils mit Lebensmitteln versorgten.

Das, so meinen wir, sollte nie vergessen werden – schon gar nicht in Zeiten wie diesen, in denen das Thema „Landwirtschaft" sehr hitzig und kontrovers diskutiert wird: Gerade weil die gegenwärtigen Strukturen, Bedingungen und Zielvorgaben im Agrarsektor sich in keinster Weise mehr vergleichen lassen mit denen der 1950er Jahre, könnte es für die drängenden Probleme und zukünftige Lösungen in der Landwirtschaft vielleicht hilfreich und sinnvoll sein, einmal inne zu halten, sich zu besinnen und einen größeren Bogen zu schlagen, um eine andere Sicht auf die Dinge zu erlangen.

Kein Zweifel: Der technische Fortschritt hat viel Positives für die Landwirtschaft gebracht. Aber er verschärft auch massiv den Strukturwandel und den Anpassungsdruck auf die Betriebe (Stichwort „Wachsen oder Weichen"), die immer kostengünstiger produzieren sollen und wie nie zuvor einem gnadenlosen Preisdruck der Lebensmittel-

Bei der Grasmahd waren auch schon einmal zwei Gespanne auf dem Schlag, um das gute Wetter zu nutzen. Schließlich diente Heu als wichtiges Futtermittel für das Vieh und die Pferde.

Ein längst verschwundenes „Hand-Werk“ im wahrsten Sinne des Wortes: Um 1950 wurden die Kartoffeln noch manuell sortiert – heute undenkbar!

konzerne ausgesetzt sind. Dies führt teilweise zu Entwicklungen, die mit Blick auf das Tierwohl und den schonenden Umgang mit Natur und Umwelt problematisch erscheinen und auf Dauer so nicht weitergehen können.

Gleichzeitig sehen sich die bäuerlichen Betriebe, die für die Gesellschaft einen vielfachen und unschätzbaren, jedoch völlig verkannten Wert besitzen, einer unlösbaren Aufgabe gegenüber: Auf der einen Seite werden sie in der Öffentlichkeit oft beschimpft, beleidigt oder angefeindet, auf der anderen Seite können sie mit den immer neuen bundes- und EU-weiten Auflagen und Reglementierungen sowie dem knallharten Wettbewerb kaum noch mithalten. Und so gibt es mittlerweile immer weniger von ihrer Art – das ist nicht nur katastrophal für die betroffenen Familienbetriebe selbst, sondern auch für den gesamten ländlichen Raum: Das „Bauernsterben" lässt schließlich auch ganze Dörfer und Landstriche aussterben, mit vielfachen wirtschaftlichen, sozialen und kulturellen Auswirkungen.

Nicht nur die Politik, auch die Gesellschaft (und das meint jeden Einzelnen) muss sich angesichts dieser Entwicklungen fragen, was Landwirtschaft in den nächsten Jahren und Jahrzehnten eigentlich leisten kann und lassen soll, was sinnvoll und nachhaltig wäre – und wie man in Zukunft mit denjenigen umgehen will, die Tag für Tag im Stall und auf dem Acker schuften: den Landwirten.

Insofern ist es uns wichtig, mit diesem Buch nicht nur den historisch einmaligen Wechsel in der Landwirtschaft der 1950er Jahre in Erinnerung zu halten, sondern auch dazu beizutragen, dass dem Leben und Wirken der Bauern – damals wie heute! – mehr Interesse, Sympathie und Wertschätzung widerfährt.

WARUM DIESE PROTAGONISTEN?

Zugegeben: Hier kommen „nur" Landwirte aus dem Norden Niedersachsens zu Wort – und es sind auch „nur" drei Protagonisten, die uns von ihrem damaligen Leben mit Arbeitspferden und Treckern erzählen.

Doch diese drei Landwirte sind ein Glücksgriff: Denn obschon sie damals unter ähnlichen Bedingungen gelebt haben, unterscheiden sie sich sowohl in ihren thematischen Schwerpunkten als auch in ihrem Erzählstil – und manchmal auch in ihren Bewertungen der damaligen Vorkommnisse.

Gleichzeitig berichten die Protagonisten derart kompetent, enthusiastisch und oftmals augenzwinkernd über ihre Kindheit und Jugend, vor

Bestand an Kraftfahrzeugen und Kraftfahrzeuganhängern 1950 bis 2007 nach Ländern (ID: bkf1_2007)

KBA

Jahr (jeweils 1. Juli/ ab 2001 1. Januar)	Krafträder [1]	Personenkraftwagen [2]	Kraftomnibusse	Lastkraftwagen	Zugmaschinen: land-/forstwirtschaftliche Zugmaschinen	Zugmaschinen: Sattelzugmaschinen	Sonstige Kfz [3]	Kraftfahrzeuge zusammen	Kraftfahrzeuganhänger
	1	2	3	4	5	6	7	8	9
					Deutschland [4]				
1950	929 516	539 853	15 083	384 751	133 952		17 780	2 020 935	223 992
1955	2 494 503	1 747 555	27 189	602 999	466 163		37 954	5 376 363	341 122
1960	1 892 479	4 489 407	33 198	680 726	860 499	7 734	39 611	8 003 654	358 320
1965	716 621	9 267 423	38 627	877 017	1 180 361	23 602	64 150	12 167 801	464 154
1970	228 604	13 941 079	47 253	1 028 116	1 412 317	34 638	91 220	16 783 227	632 822
1975	454 811	17 898 422	59 967	1 121 254	1 515 258	45 257	128 781	21 223 750	930 863
1980	738 180	23 191 616	70 458	1 277 167	1 579 839	60 293	198 598	27 116 151	1 328 993
1985	1 406 869	25 844 520	69 388	1 280 809	1 641 175	63 733	311 147	30 617 641	1 763 249
1990	1 413 674	30 684 811	70 370	1 388 505	1 678 322	78 166	434 430	35 748 278	2 245 616
1995	2 267 428	40 404 294	86 258	2 215 236	1 775 548	124 079	613 435	47 486 278	4 100 751
1998	2 925 843	41 673 787	83 285	2 370 599	1 762 111	140 516	630 347	49 586 488	4 521 370
1999	3 177 437	42 323 672	84 687	2 465 535	1 762 516	153 527	641 768	50 609 142	4 655 767
2000	3 337 848	42 839 906	85 574	2 526 896	1 757 511	162 409	654 529	51 364 673	4 853 066
2001	3 410 480	43 772 260	86 656	2 610 885	1 770 659	171 124	665 231	52 487 295	4 960 189
2002	3 557 360	44 383 323	86 461	2 649 097	1 773 193	177 884	678 612	53 305 930	5 105 276
2003	3 656 873	44 657 303	85 880	2 619 267	1 774 129	178 114	684 269	53 655 835	5 210 788
2004	3 744 971	45 022 926	86 480	2 586 329	1 773 079	179 219	689 165	54 082 169	5 317 433
2005	3 827 899	45 375 526	85 508	2 572 142	1 776 570	185 364	696 644	54 519 653	5 449 135
2006	3 902 512	46 090 303	83 904	2 573 077	1 783 855	192 124	284 092	54 909 867	5 570 026
2007	3 969 103	46 569 657	83 549	2 604 061	1 800 572	200 272	284 160	55 511 374	5 728 632

[1] Ab 2000 einschließlich dreirädrige und leichte vierrädrige Kfz.- [2] Durch die Harmonisierung der Fz.-Papiere werden Fahrzeuge mit besonderer Zweckbestimmung (Wohnmobile, Krankenwagen u. a.) ab dem 1. Januar 2006 den Pkw zugeordnet.- [3] Fahrzeuge der Bundespolizei, des Technischen Hilfswerks und Bundesland unplausibel.- [4] Einschließlich Deutsche Bundesbahn und Bundespost, da sie von 1970 bis 1993 den Ländern nicht zugeordnet werden konnten.

In der Zeit von 1950 bis 1960 hat sich der Bestand an Schleppern in Deutschland um mehr als 700 000 Fahrzeuge erhöht – ein Zulassungsrekord, der nie wieder erreicht wurde.

allem aber über ihr Leben als junge Erwachsene in der Landwirtschaft, sodass ihre Schilderungen mehr sind als spannend und abwechslungsreich: Sie sind imstande, weit über das individuelle Schicksal hinauszuführen und ein vielschichtiges Bild des Erlebens vergangener bäuerlicher Existenz zu zeichnen. Insofern stehen diese drei Protagonisten stellvertretend für die damalige Generation von Landwirten, die sich inmitten des einzigartigen technischen Wandels wiederfanden.

Natürlich wies die Situation der Landwirte Mitte des 20. Jahrhunderts regionale Unterschiede auf – doch die elementaren Lebensbedingungen glichen sich unabhängig von den lokalen Gegebenheiten. Auch die Ablösung der Arbeitspferde und der Prozess der Trecker-Einführung gestaltete sich in Deutschland – ob in Nord oder Süd, West oder Ost – zumindest sehr ähnlich.

WARUM DIESES BUCH?

Ende 2017 entstand zunächst unser frei produzierter 55-minütiger Dokumentarfilm „Als der Trecker kam und das Pferd verschwand – Landwirte erinnern sich".

Auf die Idee, aus unserem Filmprojekt ein erweitertes, umfangreicheres Buch zu machen, wären

Als erster Traktor im heutigen Sinne gilt der Fordson Model F. Entwickelt wurde der Schlepper 1917 von dem Autobauer Henry Ford. Bis 1928 wurden weltweit mehr als 700 000 dieser Fahrzeuge verkauft.

wir von allein allerdings nicht gekommen – sie wurde vielmehr von außen an uns herangetragen: vor allem mit der Begründung, es sei auch für den heutigen und zukünftigen Diskurs rund um die Bedeutung der Landwirtschaft notwendig und wichtig, die Erlebnisse der Bauern zur Mitte des 20. Jahrhunderts und damit ihre Lebenswelt und -leistung schriftlich festzuhalten und zu bewahren.

Dieses Argument hat uns schließlich überzeugt. Gleichzeitig ist uns bei genauerer Betrachtung des Vorhabens schnell klar geworden, dass ein Buchprojekt die Chance bietet, den Landwirten mit ihren Erzählungen mehr Raum zu geben, als der 55-minütige Film es zuließ. Davon waren auch unsere Protagonisten begeistert – und so haben wir sie zu weiteren Gesprächen besucht.

Der Dokumentarfilm feierte Ende 2017 nach einjähriger Produktionszeit seine Premiere und erhielt seitdem sehr viel positive Resonanz.

Zusätzlich sind wir für das Buch auf eine verzweigte Suche nach vor allem historischem, aber auch zeitgenössischem Bildmaterial gegangen. Denn von Beginn an war unser Anliegen, durch thematisch geeignete Fotografien die Erzählungen der Landwirte zu veranschaulichen oder bildlich weitere Aspekte hinzuzufügen.

Etliche Unternehmen, Institutionen sowie Privatpersonen waren von unserem Projekt auch sofort überzeugt und haben uns ihre Fotos gern zur Verfügung gestellt. So können hier nun – zusammen mit den Privataufnahmen der interviewten Landwirte – insgesamt mehr als 100 Bilder präsentiert werden.

Auf eigene Autorentexte haben wir dagegen bewusst verzichtet: Wir sind weder Landwirtschafts- noch Landtechnikexperten, und wer diesbezüglich an weiteren Informationen interessiert ist, wird leicht eine große Auswahl an geeigneter Lektüre auf dem Buch- und Zeitschriftenmarkt sowie im Internet finden. Auch die Erzählungen der Landwirte haben wir zwecks größtmöglicher Authentizität vollständig in direkter Rede belassen, Umformulierungen wurden mit Fingerspitzengefühl nur da vorgenommen, wo es zwingend geboten war – und das kam selten vor.

In diesem Zusammenhang möchten wir allerdings betonen, dass es sich hierbei um persönliche und damit subjektive Schilderungen von zeitlich weit zurückreichenden Geschehnissen handelt – insofern kann nicht gewährleistet werden, dass alle von den Landwirten formulierten Sachverhalte, Daten und Einschätzungen „faktisch" bzw. „historisch" richtig sind oder vollumfänglich von ihnen dargestellt werden. Das Buch erhebt auch weder einen Anspruch auf Vollständigkeit, was Aspekte und Dimensionen der damaligen landwirtschaftlichen Entwicklungen anbetrifft, noch will es als fundierter Beitrag zur damaligen Pferdehaltung oder Treckertechnik verstanden werden. Hier geht es ausschließlich um Erinnerungen an die Zeit der großen Revolution auf dem Acker!

In diesem Sinne wünschen wir allen Leserinnen und Lesern viel Freude mit dem Buch!

Ostereistedt, im November 2018
Marion Wilk und Ernst Matthiesen

Endlich darf man sitzen und muss den Pferden nicht mehr hinterherlaufen – auf dem Acker hat der Schlepper das Leben der Landwirte enorm erleichtert.

DIE LANDWIRTE

HERMANN DIECK (*1933)
Unser Hof befindet sich in der Lüneburger Heide in der Region Harburg. Den Hof haben meine Großeltern 1898 gegründet. Sie haben sich hier ein altes Häuslingshaus gekauft – und dazu sieben Hektar Ödland, ganz einsam und mit ein bisschen Buschwerk, Wald und Wildnis drumherum.

So haben sie angefangen, Landwirtschaft zu betreiben. Wobei mein Opa ganz schnell gewusst hat, wie man sonst noch ein bisschen Geld verdienen konnte: Die Landwirtschaft war ja noch klein, die hat dann mehr die Oma gemacht – obwohl sie neun Kinder geboren hat, wovon allerdings nur fünf groß geworden sind. Und Opa begann dann das Handeln. Er hat erst mal mit Schrot gehandelt und mit anderen kleineren Sachen, und davon hat er gleich viel verkauft. Es gab hier auf dem Hof zu der Zeit auch gleich Pferde, denn mit ihnen konnte man für den Handel über die Dörfer fahren. Aber das hat meinem Opa nicht genügt, und er hat zusätzlich eine Art Tiefbauunternehmen angefangen.

Mein Vater sollte eigentlich Lehrer werden, hat aber später Stellmacher gelernt und 1928 auch eine eigene Stellmacherei eröffnet. Außerdem hat er 1932 die Hofstelle übernommen, später wurde er zusätzlich Bürgermeister. Er hatte einen Herzschaden und war Tauglichkeitsstufe vier, deshalb brauchte er kein Soldat zu werden. Das hat ihm die Dorfbevölkerung allerdings übel genommen.

Das habe ich auch gelernt ganz schnell: Vogel friss oder stirb!

Ich bin 1933 geboren und war der Erste von vier Geschwistern. Und war damit natürlich immer Kindermädchen für meine jüngeren Geschwister – ich war verantwortlich, immer verantwortlich. Das war schon manchmal heftig und nervig! Also, ich wurde immer am meisten eingespannt. Und unsere Mutter hat nicht viel gefragt, sie hat im-

1942 mussten die Äcker noch mühevoll per Hand von den Steinen befreit werden – wie hier im Harburger Kreis.

Diecks Hof und Familie
um 1929 in der Lüneburger Heide.

mer kommandiert – und dann hatten wir zu gehorchen. Und bei unserem Vater konnten wir uns nicht beschweren, weil der von allem auch nicht so viel mitbekam – er hatte ja sein Bürgermeisteramt, seine Stellmacherei und die Landwirtschaft, und am Abend saß er auch noch immer im Büro.

Eingeschult wurde ich 1939 kurz vor Kriegsbeginn. Der Unterricht ging in der Regel bis mittags um zwölf Uhr, dann kam man nach Hause, und dann war manchmal auch gar keine Zeit, um Schulaufgaben zu machen, weil auf dem Hof irgendwelche Arbeiten vorgesehen waren.

Da war besonders der Älteste dran, der auch noch für die anderen sorgen musste – und das war nun mal ich. Wir haben natürlich auch schon mal gespielt: Die Spielsachen haben wir uns selbst gebaut, wir haben uns selber Flitzebogen und Drachen gebastelt – so viel Zeit gab es schon. Aber das wurde, je weiter der Krieg vorwärtsging, alles etwas schwieriger. Was wir dann während des Krieges mal gemacht haben: Wenn die englischen Bomberverbände weiter nach Berlin flogen oder nach Ostpreußen an die Ostseeküste, brauchten sie sehr viel Treibstoff und hatten dafür mehrere Reservetanks mit. Da gingen so 1000 Liter rein, und wenn die leer waren, dann warfen sie die ab. Die waren zuerst aus Blech. Und wenn sie hier rüberflogen, dann sind wir am anderen Tag los und haben diese Dinger gesucht. Fast immer haben wir auch welche gefunden – und dann sind wir dabeigegangen und haben sie aufgemeißelt, haben uns da ein paar Bretter reingelegt, und dann konnten wir auf dem kleinen Teich hier schippern. Das war unser Freizeitvergnügen.

Alltag bei der Kartoffelernte: Schon in der Kindheit mussten die Dieck'schen Söhne die letzten Erdäpfel aus dem Acker klauben (1943).

In unserem Dorf gab es zu meiner Kindheit vier große Höfe. Und im Nachbarort, der nicht weit entfernt ist, hatten wir einen Schuster, einen Schneider, einen Tierarzt und sogar ein Kranken-

Für die Kartoffelernte (hier 1933) wurden alle Hände gebraucht.

haus – hier gab es eigentlich alles. Auf dem Hof hatten wir vier oder fünf Kühe, etwa 20 Schweine und noch ein paar Gänse, Enten und Hühner, nach dem Krieg auch ein paar Ziegen und Schafe. Wir haben damals viel Kartoffeln angebaut, weil das das meiste Geld brachte, und so wurden alle zwei Jahre auf dem Acker Kartoffeln angebaut, was allerdings auch mit viel Arbeit verbunden war! Das andere waren eben Rüben und Getreide in allen Ausführungen, wobei es auch Hanf und Leinsamen gab. Ja – das war eigentlich so die Palette, die auf dem Acker angebaut wurde, und alle anderen machten das auch so im Dorf, das war ein ganz normaler Zustand!

Im Krieg hatte jeder Landwirt dann sein Kontingent, das er abzuliefern hatte. Frei verkauft hat niemand, es wurde immer nur abgeliefert. Der Preis war vorgeschrieben, und das Ablieferungssoll war ebenfalls vorgeschrieben. Wir mussten abliefern und durften das, was wir zur eigenen Ernährung brauchten, behalten. Es gab ja die große Agrarkrise in den 1930er Jahren, und da hat man ja schon versucht, Festpreise einzuführen, die es dann später unter Hitler für praktisch alle Lebensmittel gab. Das war alles, um die Ernährung im Kriegsfall zu sichern – da fielen ja die ganzen Importe weg! Und nachher hat man aus den besetzten Ländern viel geholt – aus Holland, Belgien und Frankreich und ganz besonders viel nachher aus der Ukraine. Erst hat man da die Menschen weggeholt, die mussten hier arbeiten, und was dort erzeugt wurde, hat man dann auch noch weggeholt.

Für alle Feldfrüchte, für das Vieh, für Milch und Eier – für alles, was erzeugt wurde, gab es Ablieferungssolls. Das war festgelegt nach den Ernteschätzungen für das Dorf. Der Ortsbauernführer, der musste im Vorwege schätzen, wie hoch die

Erträge sein würden – aber das trat ja nicht immer so ein, da gab es mal ganz schlechte Ernten, und es gab gute Ernten. Dann ging das große Feilschen los, denn man war da ja nicht ganz ehrlich! Zum Beispiel wurden, sobald der Krieg begann, die eigenen Buttermühlen eingezogen. Sie mussten abgeliefert werden und wurden verplombt und standen hier bei uns oben auf dem Speicher. Aber es gab ja andere Möglichkeiten, die Sahne von der Milch zu holen und zu buttern, das war dann auch unsere Kinderbeschäftigung: Wir wurden eingesperrt in einen Raum, sodass niemand hereinkommen und etwas sehen konnte, und wenn die Butter fertig war, dann konnten wir ans Fenster klopfen und dann wurden wir erlöst!

Für den eigenen Bedarf, zur Ernährung der eigenen Familie – das durftest du behalten. Und das ist ja nun sehr variabel. Wir haben nicht gehungert – den Vorteil hatten wir! Aber es ist auch ganz viel schwarz geschlachtet oder versteckt worden. Das Vieh wurde ja gezählt, und dann wurden eben ein paar Ferkel in die Kiste gesteckt und versteckt. Das hat es immer gegeben, das hatte natürlich Konjunktur!

Wir hatten in der Landwirtschaft auch einen jungen Mann, einen Knecht nannte man das damals, und ein junges Mädchen, eine Magd; und meistens hat meine Mutter hier irgendwelche Cousinen gehabt, die uns Kinder dann auch mit großgezogen haben. Unser Knecht wurde dann Soldat und dann ging das hier alles nur noch mit Kriegsgefangenen. Zuerst kam ein Franzose, der Peter, doch der war nicht so lange hier, der wurde krank; aber die Franzosen wurden ohnehin ausgetauscht gegen Russen, und so kam dann ein Russe hierher, der Alex, der ist bis zum Kriegsende bei uns geblieben.

Im März 1945 kam eine Familie aus Westpreußen zu uns, und später kamen noch mehr Flüchtlingsfamilien auf unseren Hof. Nachher waren wir mit fünf fremden Familien in unserem Haus! Hier waren viele, aber kleine Zimmer – allein die Westpreußen kamen mit vier Personen, die hatten hier 16 Quadratmeter. Da haben sie gelebt oder gehaust – wie man das eben nennen will. Aber sie waren froh, ein Dach über dem Kopf zu haben und etwas zu essen. Also, für uns Kinder war das richtig spannend – wir bekamen immer neue Schulkollegen zum Beispiel! Und auch hier zu Hause ist das bei uns ziemlich gut abgegangen. Obwohl ich meine Eltern manchmal sehr kritisch gesehen habe – aber da muss ich den Hut dreimal ziehen, dass die das so gut hingekriegt haben. Wir haben zum großen Teil alle in der einen Küche gekocht, das musste gehen, das war gar keine

Zwei Geschwister und ein Nachbarsjunge von Hermann Dieck
mit Pferdegespann und französischem Kriegsgefangenen (1940).

Frage! Und wenn mein Vater als Bürgermeister, der die Verteilung ja auch machte, nicht sein eigenes Haus proppenvoll hatte, dann haben die Leute gesagt: „Nimm du mal erst mal, nicht!“ Da hat er schwer darunter gelitten, dass manche Leute, wenn die nicht klarkamen, die Flüchtlinge einfach auf die Straße gesetzt haben und meinen Vater anriefen: „Du, Hermann, die musst du jetzt mal woanders unterbringen!“ – also, da gab es auch schon Stress!

Und die Westpreußen, die haben gedacht, sie kommen noch mal zurück nach Hause, sie wollten deshalb ihre beiden Pferde nicht verkaufen, und so haben sie mit ihrem Gespann in der Landwirtschaft mitgeholfen. Es war ja zu der Zeit auch kein anderer mehr da, so um 1945 – die Kriegsgefangenen waren weg und die Deutschen waren noch nicht wieder da!

Wenn in den Kriegsjahren ein Schwein geschlachtet wurde, gab es einen öffentlich bestellten Wieger, der musste bescheinigen, dass das ein sogenanntes Einheitsschwein war. Das Einheitsschwein durfte so drei Zentner oder etwas mehr wiegen, und wenn man mit dem gut konnte, dann dann wurde auch ein Vierzentnerschwein – das gibt es heute gar nicht mehr – offiziell mit nur drei Zentnern vermerkt. Das war so im Krieg! Und durch diese Schwarzschlachterei hat es viel böses Blut gegeben, denn die Flüchtlingsfamilien, die auf dem Hof lebten, die kriegten das ja mit, das konnte man nicht verheimlichen – und die mussten dann natürlich etwas abkriegen, sonst hätten sie ja etwas erzählen können.

Später gingen sie, weil es hier im Dorf nichts mehr zu arbeiten gab, ins Ruhrgebiet. Viele sind da in die Industrie, ins Bergwerk gegangen. Auch viele der Mitschüler, die haben später hier ein Handwerk gelernt und sind dann ins Ruhrgebiet gegangen.

Gott sei Dank ist hier bei uns im Krieg nichts abgebrannt, aber im Nachbardorf wurden viele Höfe zerschossen. In einem anderen Nachbardorf ist eine Luftmine gefallen und ein Bombenteppich, da sind auch einige gestorben.

Die Dorfschule habe ich 1947, zwei Jahre nach Kriegsende, verlassen. Da gab es überhaupt nichts mehr, alles lag am Boden, und niemand wusste, wie es überhaupt weitergeht. Anschließend habe ich eine zweijährige Landarbeitslehre gemacht, drei Jahre Stellmacher gelernt, und mir später einen Lehrhof in der Heide gesucht. Dort habe ich vieles gelernt – auch, wie man es als Landwirt nicht machen sollte!

Doch in unserer Jugend, da wollten wir nicht nur arbeiten! Wir wollten abends auch unsere Freizeit haben, und da hatte ich mit meinem Vater schon ein Stück weit ein Problem. Er meinte immer, ich bräuchte nicht zu den anderen jungen Leuten hin, ich könnte abends mit ihm noch allerhand Experimente machen, etwas basteln oder in der Scheune Getreide reinigen oder so – bis ich dann mal das Weinen kriegte, da war ich so 15, 16 Jahre alt. Und da sagte er: „Was hast du denn?“ – und dann habe ich ihm das gesagt, und er war erstaunt, denn er meinte, ich hätte abends mit Freuden noch mit ihm gebastelt. Das war aber nicht so, ich wollte auch meine Freizeit haben! Und nachher gab es unsere Landjugendgruppe, da waren wir so 80 junge Leute hier aus den Dörfern. Da haben wir uns jede Woche zur Versammlung getroffen, wir haben unseren Tanzkreis und unsere Diskussionsabende gehabt. Da wollten wir auch hin, und dann hat man ja auch schon mal nach Mädchen geguckt, nicht – und das geht ja auch schlecht, wenn man immer arbeiten muss!

Jedenfalls bin ich auf dem Lehrhof ein Jahr gewesen, von 1956 bis 1957. Danach habe ich zu Hause in der Landwirtschaft weitergearbeitet, abends nebenbei die Meisterkurse gemacht, und 1959 bekam ich mein Zeugnis als Landwirtschaftsmeister. Da kannte ich meine Frau auch schon, und 1960 haben wir geheiratet.

Für den Ältesten war es überhaupt keine Frage, der wurde einfach Landwirt! Das haben die Eltern einfach so beschlossen, und gehorsam, wie wir damals erzogen waren, haben wir auch nicht gemeutert. Und so durften meine Frau und ich dann 1964 als dritte Generation den Hof übernehmen – zu der Zeit waren bereits 21 Hektar vorhanden. Allerdings haben wir auch ein bisschen darum kämpfen müssen, den Hof zu übernehmen, weil meine Mutter damals noch ziemlich jung war – sie ist 1908 geboren – und sie wollte noch nicht aufhören. Aber mein Vater wurde 65 Jahre alt, und seit 1957 gab es ja die Bauernrente, das Altersgeld, und das bekam man nur, wenn man den Betrieb abgegeben hatte. Das war ja gewollt, damit die alten Herren da nicht bis in die Ewigkeit das Kommando hatten.

Wir haben dann später die Anbauflächen vergrößert und in moderne Landmaschinen investiert. Tatsächlich aber war unser Hof für den harten Wettbewerb zu klein, deshalb setzten wir immer mehr auf Lohnarbeit für andere Landwirte – die meisten Maschinen dafür waren ja vorhanden. Wir hatten aber auch noch Kühe, nur gab es niemanden mehr, der sie melken konnte: Wir kamen

Noch immer voller Energie und Optimismus – Landwirt Hermann Dieck in den 1970er Jahren.

Der Hof der Familie Dieck
in der Lüneburger Heide, 1990er Jahre.

ja von der Lohnarbeit erst abends um zehn, elf oder halb zwölf nach Hause – und deshalb gaben wir die Kühe dann weg. Dabei hatten wir ja 20 Kühe und mehr! Mit vier, fünf sind wir angefangen, und ich war mal ganz stolz, 22 Kühe zu haben! Als ich ein junger Mann war, da hatten nur die großen Betriebe 20 Kühe, und die hatten einen Melker! So hatten wir zum Schluss nur noch Schweine – es waren so um die 100 Schweine bis zuletzt.

Auch die Landbearbeitung haben wir weiter betrieben, und 1998 hat dann unser Sohn den Hof übernommen. Später wurde er allerdings Geschäftsführer des Maschinenrings Harburg und bearbeitet mittlerweile nur noch elf Hektar Forst selbst; alle anderen Flächen sind verpachtet.

Hermann Dieck ist seit der Hofübergabe weiterhin vielseitig tätig – u. a. als ehrenamtlicher Mitarbeiter in der Salzhäuser Kirchengemeinde, der örtlichen Feuerwehr und dem Freilichtmuseum am Kiekeberg.

HEINRICH FRICKE (*1934)

Ich bin Jahrgang 1934, Landwirt in zwölfter Generation und lebe im Landkreis Rotenburg/Wümme in der Nähe von Zeven. Anfang 1900 hatte unser Hof eine Größe von 71 Hektar, die überwiegend aus sandigem Heideland bestanden. Und im 19. Jahrhundert gab es ja noch keine landwirtschaftlichen Maschinen. Die Pflüge und Eggen bestanden meistens aus Holz mit eisernen Pflugscharen und Zinken. Korn wurde mit der Hand ausgesät, gemäht wurde mit der Sense.

Früher wurde auch nur mit natürlichem Dünger vom Vieh, also mit Stallmist, gedüngt. Der war aber wegen des geringen Viehbestands wenig vorhanden. Deswegen wurden vor der Einführung des Kunstdüngers hier auf den großen Heideflächen noch Schafe gehalten, vorwiegend Heidschnucken. Es gab also große Heideflächen und wenig Ackerland – und die Erträge, die auf den Feldern erzielt wurden, deckten nicht den Futterbedarf des Viehs. Deshalb wurde das Heidekraut zusätzlich als Futter und als Streu verwendet. Manchmal wurde auch die grüne Heide gemäht und so verfüttert. Die Schafe lieferten vor allem Wolle und Fleisch. Außerdem verwendete man den Mist, der als Dünger guten Humus für den Acker brachte. Später wurden die Heideflächen aber nach und nach kultiviert, immer mehr Getreide wurde angebaut – und so verlor die Heide ihren landwirtschaftlichen Nutzen, und auch die Schafe verschwanden von hier.

Entweder du machst das mit – oder du bleibst auf der Strecke!

Überhaupt war der Viehbestand auf den Bauernhöfen früher – aus heutiger Sicht – gering. Mit der Einführung von Kunstdünger haben sich die Erträge erheblich gesteigert, wegen der größeren Futtervorräte konnten auch die Viehbestände vergrößert werden. Um 1925 hatte ein Vollerwerbshof etwa 11 bis 20 Milchkühe sowie 15 bis 20 Rinder und Kälber.

Mein Vater wurde 1905 geboren. Meine Großeltern sind schon ganz früh gestorben, da war Vater zwölf Jahre alt. Deshalb wurde im gleichen Jahr – das war 1919 – der Hof zehn Jahre lang verpachtet. Es wurde eine Auktion gemacht, der Vormund meines Vaters hat das ganze Vieh und

Schweißtreibend und zeitintensiv, auch wenn die Felder damals viel kleiner waren als heute: die Getreideernte mit der Sense.

Heinrich Fricke als Kleinkind, umringt von Federvieh auf dem elterlichen Bauernhof.

alle Geräte verkauft. Das teuerste Pferd brachte 54 000 Reichsmark. Und dann kam 1923, und da war das ganze Geld weg! Dann hat mein Vater 1929 hier mit dem Hof angefangen und meine Mutter geheiratet. Meine Mutter hat von zu Hause ein Pferd und vier Kühe mitgebracht – an zwei von ihnen kann ich mich noch erinnern: Becka und Martha. Die hatten wir sehr lange. Auch Möbel und Hausrat hat meine Mutter mitgebracht. Es gab ja weder Vieh noch Inventar und keine Möbel mehr auf dem Hof! Nur Gebäude, und auch die ganz und gar vernachlässigt, denn der Pächter hatte zehn Jahre an den Gebäuden nichts gemacht. Ja, das war 1929. Und im gleichen Jahr wurde meine älteste Schwester geboren, ein Jahr danach meine zweite Schwester, und 1934 kam ich zur Welt.

Und 1939 ist mein Vater Soldat geworden – das waren für ihn also nur zehn Jahre Bauerszeit, die er bis dahin hatte! Zehn Jahre Bauerszeit, da kriegst du noch nicht viel auf die Reihe! Als er Soldat war, bekam er mal Ernteurlaub zwischendurch oder wurde ein halbes Jahr freigestellt, aber das war nicht oft.

Wir waren hier also drei Geschwister, und ich war der Jüngste. Eingeschult wurde ich 1940, wir hatten hier ja eine eigene Schule, eine einklassige Schule – eine Gesamtschule, wie man heute sagen würde: Wir waren wohl damals ganz modern! Von der ersten bis zur achten Klasse, alles in einem Raum – und da bin auch ich zur Schule gegangen. Nach 1942 kamen die ersten Bombenangriffe, und wenn nachts Fliegeralarm war, dann mussten wir morgens eine Stunde später zur Schule. Später kamen die Bombardierungen auch tagsüber, so 1943 ging es ja richtig los mit der Bombardierung. Da mussten wir uns, wenn wir morgens Schule hatten, überall verteilen und durften nicht in der Schule bleiben: damit nicht alle Kinder ums Leben kamen, wenn da mal eine Bombe auf die Schule fällt! Das Lehrmaterial war auch knapp, und nach 45, da hatten wir von März bis September überhaupt keine Schule! Das war ja sowieso noch die Besatzungszeit von den Engländern, und da gab es keinen Strom hier im Dorf – wir waren ja alle total abgebrannt. Der Lehrer hatte noch zwei Bücher aus der Vorkriegszeit: ein Rechenbuch und ein Lesebuch – mehr hatten wir nicht. Und wenn wir dann ein Schreibheft haben wollten oder haben mussten, dann mussten wir erst Altpapier sammeln, sonst kriegten wir überhaupt kein Heft!

Während des Krieges hatten wir auf unserem Hof auch Kriegsgefangene zum Arbeiten. Zuerst waren es Polen, Franzosen und Jugoslawen sowie

Der elterliche Hof von Heinrich Fricke – bevor dieser kurz vor Kriegsende abbrannte.

ein Russe. Die Arbeit auf den Feldern war während des Krieges sehr schwer, denn die Tiefflieger schossen auch auf Leute bei der Feldarbeit.

Etwa 1943 kamen dann die ersten ausgebombten Familien aus Hamburg und Bremen zu uns. Und im Februar 1945 kamen die ersten Trecks mit Flüchtlingen aus dem Osten; jeden Abend, so drei Wochen lang, hatten wir auf unserem Hof Einquartierung. Als dann die Kriegsfront am 20. April 1945 auf uns zurollte, kam die große Feuerbrunst über das Dorf. Es sind 41 Gebäude und einige Schuppen abgebrannt. Es gab fast keinen Hof ohne Schaden. 500 Stück Vieh sind verbrannt und alle Häuser! Und weil bei uns auf dem Hof alle Gebäude aus Fachwerk waren, blieben auch keine Mauern stehen.

1945 ist Vater dann Ende Mai zu Fuß aus Österreich zurückgekommen. Er hatte dazu vier Wochen gebraucht. Er kam hier an und alles war abgebrannt, ja! Und so musste er wieder von vorne anfangen! Der hat keine leichte Bauerszeit gehabt, in seinem Leben musste er zweimal von vorne anfangen! Dann haben wir mit dem Aufräumen begonnen. Im Juni stand dann die erste Heuernte nach dem Krieg an. Ich musste dabei die Pferde führen. Im Sommer 1945 bekamen wir von der englischen Militärregierung ein Pferd und einen Ackerwagen der ehemaligen deutschen Wehrmacht zugewiesen. Außerdem haben wir noch zwei Pferde ausgeliehen, die wir 1948 dann auch gekauft haben.

Und weil wir total abgebrannt waren, haben wir erst mal zwei Jahre lang bei meiner Tante in einem Zimmer gewohnt. Wir waren ja fünf Personen und haben dort auch gemeinsam geschlafen. Meine Schwestern waren ja älter als ich, sie waren schon 15 und 17 Jahre alt – und trotzdem waren wir zu fünft in einem Zimmer. Dann haben wir hier bei uns ein Zimmer ausgebaut – zu der Zeit waren nur Speck und Butter die Währung, für die Reichsmark bekam man gar nichts. Und im Herbst 1950 sind wir dann hier ins Haus gezogen – wohlgemerkt: wir kriegten da für unseren Hof keine Versicherung ausbezahlt, bei Kriegseinwirkung hat keine Versicherung gezahlt; alles musste aus eigener Kraft gemacht werden – dass das nicht ohne Schulden abging, das weiß wohl jeder!

Bei Kriegsende 1945 war die Landbevölkerung zum größten Teil auf die Selbstversorgung angewiesen. Vor allem für die Stadtbewohner wurden wieder Lebensmittelkarten ausgegeben. Doch die Rationen waren nicht sehr groß, sodass sich recht schnell der Schwarzmarkt entwickelte. Die Stadtbevölkerung kam auf das Land, um durch Tausch oder Bettelei zusätzliche Lebensmittel zu bekommen. Umgekehrt mussten die Bauern Schlachtvieh, Brotgetreide, Kartoffeln und Milch zwangsweise abliefern. Die Liefermengen wurden von der Verwaltung festgesetzt. Wer sein „Soll" nicht erfüllte, musste mit harten Strafen rechnen. Besonders Fleisch, Eier und Butter waren stark rationiert. Auch der Eigenverbrauch der Bauern als Selbstversorger war begrenzt, besonders beim Fleisch. Das Gewicht des zu schlachtenden Viehs war vorgeschrieben – das ging nach der Personenzahl im Haushalt. Wer ein Schwein schlachten wollte, musste es von einer Kommission vor und direkt nach der Schlachtung prüfen lassen.

1945 haben wir auch wieder Schweine gehabt, die wir allerdings bei meiner Tante unterbringen mussten, weil wir weder für die Schweine noch fürs Rindvieh einen Stall hatten. Deswegen bekamen wir von der englischen Militärregierung noch eine Baracke zugewiesen. Aber es war keine

Frickes Hof, wieder aufgebaut (1954).

leichte Arbeit im Stall. Es war ja kein fester Boden vor und hinter den Kühen. Die Jauche konnte gar nicht so schnell abziehen. Weil das Stroh knapp war, haben wir Heide gehauen und damit die Kühe gestreut. Zu dieser Zeit wurden die Kühe auch noch mit Rüben gefüttert. Im Frühjahr 1946 wurde dann der Stall gerichtet – aber wir hatten noch keine Dachpfannen. Sie kosteten eine Kuh. Und die Eisenbalken für den Stallboden kosteten ein Schwein von ca. 150 Kilo.

In meiner Kindheit gab es in unserem Dorf 13 Bauern; es gab auch nur einen Tischler und einen Maler – also hier war nicht so viel Gewerbe. Im Nachbarort beispielsweise, da gab es einen Schuster, einen Stellmacher, einen Schmied und einen Kaufmannsladen. Das alles hatten wir hier nicht. Der Kaufmann kam aber mit einem Wagen herum und hat seine Ware hier angeboten – und der Bäcker kam mit seinem Pferd und Wagen auch ins Dorf und hat dann hier sein Brot verkauft.

Schon 1937 wurde auf dem Fricke-Hof mit einem Mähbinder das Getreide geerntet.

Auf dem Acker haben wir damals Getreide und Hafer angebaut – Hafer war ganz wichtig, das war ja für die Pferde! Auch Roggenstroh war wichtig, wir hatten nämlich ein Strohdachhaus, ein niedersächsisches Bauernhaus, und da musste auch jedes Jahr etwas Stroh fürs Dach abfallen! Wir hatten aber auch Steckrüben und Runkelrüben – doch die Kartoffel war in den Jahren vor und nach dem Krieg die Hauptfrucht. Natürlich gab es auf unserem Hof auch verschiedene Tiere – Kühe, Schafe, Hühner und auch vier oder fünf Mastschweine; man hat auch Läufer und Ferkel verkauft damals.

Ende der 1940er und Anfang der 1950er Jahre wurden wir vom Staat unter dem Motto „Das Volk hat Hunger“ aufgefordert, mehr Land zu kultivieren, um so den Hunger im Land zu besiegen. Aber die Erntemengen waren nicht so hoch, da der Dünger im Krieg und kurz danach nur in kleinen Mengen zugeteilt wurde und der Boden kaum Reserven mehr hatte.

Gleichzeitig haben in der ersten Zeit nach Ende des Zweiten Weltkrieges viele Flüchtlinge, Heimkehrer aus der Kriegsgefangenschaft und entlassene Soldaten Arbeit in der Landwirtschaft gefunden. Das änderte sich aber ab Juni 1948, da wurde die Deutsche Mark eingeführt und mit dem Wiederaufbau von Industrie und Gewerbe begonnen. So begann schon in den 1950er Jahren eine Art Landflucht – viele Flüchtlinge und Heimkehrer suchten sich anderswo bessere Arbeit. Aber durch die Mechanisierung der Landwirtschaft konnte da dann ein Ausgleich geschaffen werden. Die Milchkühe blieben damals im Sommer auch nachts auf der eingezäunten Weide. In der kälteren Jahreszeit standen sie im Stall und mussten gefüttert werden – mit Steckrüben, Stoppelrüben, etwas Mehl und Palmkuchen, Heu und Stroh. Durch Züchtung und künstliche Besamung wurde die Milchleistung später deutlich höher. Nach dem Zweiten Weltkrieg hat sich die jährliche Milchleistung pro Kuh mehr als verdoppelt, und schon 1950 wurden bei uns im Dorf die ersten Melkmaschinen eingesetzt. Außerdem hatte hier jeder Bauer bis etwa 1960 Schweine. Vor allem war die Sauenhaltung wichtig, teilweise noch mit Weideauslauf. Bis 1948 bin ich zur Schule gegangen, und dann war ich hier weiter bei Vater und Mutter auf dem Hof. Ich bin da schon als Kind so mit hineingekommen in die Arbeit – schon im Krieg, als Vater Soldat war. Später bin ich noch zwei Jahre zur Berufsschule gegangen und dann zwei Jahre zur Landwirtschaftsschule.

1955 war ich für ein Jahr auf einem Lehrbetrieb und habe da meine landwirtschaftliche Prüfung abgelegt. Der Lehrhof war 74 Hektar groß, ich war einer von vier Lehrlingen, und wir hatten dort 13 Kühe zu versorgen. Na ja, als ich 1956 wegging, da waren es dann doch schon so 22, 23 Kühe. Das war früher so ein Satz, mit 20 Kühen. Die Betriebe hier, die über 20 Kühe hatten, die mussten einen Melker haben – oder Schweizer, sagte man früher; Melker hieß das dann später.

1963 habe ich geheiratet, und 1964 ist das erste von unseren vier Kindern zur Welt gekommen. Gemeinsam mit meiner Frau habe ich dann 1971 den Hof von meinem Vater übernommen. Der älteste Sohn – das war auf jedem Hof klar – der

Heinrich Fricke (links) mit drei weiteren Lehrlingen auf dem Lehrhof 1956.

Feldarbeit mit dem 30er Deutz und Mähbinder auf dem Hof von Frickes Schwiegervater.

bekam den Hof! Das war auch mein Lieblingsberuf, Bauer zu werden. Man ist da so mit groß geworden, nicht! Ich hab ja schon im Krieg mit zehn Jahren auf dem Pferd herum geackert, ja! 1974 haben wir in der Scheune für 60 Mastschweine Ställe gebaut, 1985 haben wir dann Schweineställe mit 300 Mastplätzen von einem Nachbarn gepachtet, und in den 1990er Jahren wurde auf einem großen Teil unserer Ackerfläche Mais angebaut. 1994 haben meine Frau und ich den Hof dann an unseren Sohn übergeben. Es ist zuerst schon ein eigenartiges Gefühl, wenn man die Verantwortung abgibt und plötzlich Rentner ist. Nach der Übernahme hat unser Sohn den Hof auf reine Schweinezucht und -mast umgestellt. Das Rindvieh wurde innerhalb von zwei Jahren abgeschafft und der Rest vom Grünland zu Acker umgewandelt.

2012 hat sich unser Sohn beruflich verändert, wir haben die Sauen abgeschafft und nur noch einen Stall mit 400 Mastplätzen weiter gepachtet. Seitdem wird auf den Feldern nur noch Silomais für Biogas angebaut, außerdem Roggen und Sommergerste – und das gedroschene Getreide gleich vom Feld verkauft.

Neben der täglichen Arbeit im Schweinestall ist Heinrich Fricke unter anderem im Vorstand der Zevener Landvolk-Senioren aktiv.

RUDOLF SCHWARTING (*1938)
Unser Hof hier im Oldenburger Land ist schon sehr alt – die ersten schriftlichen Nachweise stammen von etwa 1450. Früher war das hier eine sogenannte Thingstätte, also eine Gerichtsstätte; wenn damals die Raubritter verurteilt wurden, dann wurde das hier auf diesem Hof vollzogen, das ging damals sehr brutal zu.

In den nachfolgenden Jahrhunderten gab es verschiedene Besitzer hier auf dem Hof. Meine Mutter ist 1897 geboren und war die Nichte der damaligen Hofbesitzer, die selbst keine Kinder hatten. Deshalb wurde meine Mutter hier schon früh aufgenommen und aufgezogen, weil sie mal erben sollte. Und später hat sie dann meinen Vater kennengelernt, der in seiner Familie der älteste Sohn war. Aber hier im Unterkreis war das sogenannte Jüngstenrecht – das heißt, der jüngste männliche Nachfolger erbt den Betrieb. Und deshalb ist mein Vater ausgeheiratet und hierher gekommen. Die beiden haben 1924 geheiratet – da war mein Vater 31 Jahre alt – und seitdem trägt der Hof unseren Namen.

Mein Vater hat damals den Hof auch sofort übernommen. Das war selbstverständlich: Die Landwirtskinder – ob Mädchen oder Jungen –, die blieben meistens auf den Höfen oder heirateten irgendwo ein. Dass sie einen ganz anderen Beruf erlernten, das war eine Ausnahme – im Großen und Ganzen bestand die Bevölkerung damals ja nur aus Landwirten und Handwerkern, andere Arbeitsplätze gab es ja kaum.

Es war eine Erleichterung, wenn die Technik Fortschritte machte – man hat sich gefreut, wenn man damit arbeiten konnte und durfte!

Schwartings Hof und Familie 1925 im Oldenburger Land.

Rudolf Schwarting als Kleinkind mit seinem Vater.

Ich wurde 1938 geboren und habe noch fünf ältere Geschwister. Mein ältester Bruder, der wurde 1943 – da war er 17 Jahre alt – aus dem Lehrlingsverhältnis herausgenommen und kam an die Front in den Osten. Mein Vater, der war ja damals schon älter, der kam am Ende des Krieges auch noch zum Volkssturm, im letzten Jahr. Dann sollten sie hier die Straßen schützen, denn der Feind, der kam ja näher.

1944 bin ich eingeschult worden. Und das war ein kritisches Jahr, denn es war ja noch Krieg. Die Nachbarskinder waren ein paar Jahre älter und sind wie ich zur Schule gegangen. Die nahmen uns kleinere Kinder dann mit. Zur Schule waren es so zwei Kilometer, und dann ist es ein paar Mal passiert, dass die Tiefflieger kamen: Dann nahmen die größeren Kinder uns Kleine in die Mitte, und sobald sie die Fluggeräusche hörten, fassten sie uns an den Kragen und schubsten uns in den Graben – ob da Brennnesseln waren oder Dornen, das war ganz egal, wir mussten da rein. Das war im ersten Schuljahr.

Wir hatten damals auf dem Hof etwa 12 Kühe. Die Betriebe, die mehr hatten, die hatten schon 14 oder 16. Und wenn einer 18 oder sogar 20 Kühe hatte, da sprach man schon darüber: „Junge, der hat 20 Kühe!“ Genau das Gleiche war mit

Zwei Pferde zogen den Wagen mit dem geernteten Getreide zurück zum Hof.

den Sauen – wenn einer 20 Sauen hatte, das war aber schon etwas!

Wir hatten 10, 12 Sauen, und die Ferkel, die wurden gemästet. Dann gab es einen großen Hühnerstall, und noch einen Extrastall mit Gänsen und Enten. Auf dem Acker wurde überwiegend Getreide angebaut und Zuckerrüben zum Verkauf an die Zuckerfabrik und Runkelrüben für die Fütterung fürs Rindvieh im Winter. Das war noch eine richtige Rundumversorgung für den Hof – und was dann zu viel produziert worden war, das wurde verkauft.

So war das ja auf jedem Hof – das waren damals Gemischtbetriebe – da war eigentlich jeder Betrieb genau wie jeder andere entsprechend der Größe. Und jeder Betrieb hatte sozusagen alles! Man ernährte sich damals überwiegend – man kann wohl sagen zu 90 Prozent – nur von den Produkten, die es auf dem Hof gab. Was man an Barmitteln brauchte, das war lediglich für die

Bekleidung, und viel mehr gab es nicht. Private Ausgaben, wie man sie heute hat, die gab es ja damals nicht. Insofern war es nicht so dramatisch, wenn die Preise sich mal veränderten, weil man weiterleben konnte mit dem, was der Hof abwarf. Ob der Betrieb klein oder groß war, das spielte nicht so eine große Rolle.

Im Krieg war es dann so – wenn jemand seinen Acker vernachlässigte und ließ den verkrauten, dann bekam er eine Anzeige und eine Ordnungsstrafe, weil dadurch Naturalien verloren gingen, die im Krieg hätten gebraucht werden können. Anfang 1940 kamen dann nach dem Polenfeldzug zwei polnische Familien hierher. Wir hatten ein sehr gutes Verhältnis und haben in einem gemeinsamen Raum die Mahlzeiten eingenommen; sie haben uns auch nicht als Feinde angesehen – obwohl die Deutschen sie ja vertrieben hatten. Als mein Bruder mit knapp 17 Jahren seinen Einberufungsbefehl bekam, hat eine dieser Frauen die ganze Nacht lang gestrickt und ihm einen schönen dicken Pullover mitgegeben, weil er in den Krieg an die Ostfront musste – und sie wussten ja, dass es da kälter ist als hier. Sie haben hier im Betrieb auch mitgearbeitet, haben hier gewohnt und hatten zwei Zimmer. Es gab auch Betriebe, wo die Familien gar nicht in den Wohnbereich kamen – die mussten dann außerhalb irgendwo ihre Mahlzeiten einnehmen, aber das war hier nicht so. Die beiden polnischen Familien blieben bis 1945 bei uns; und 1944 kamen dann noch zwei Familien aus Westpreußen.

Zusätzliche Arbeitskräfte waren hier auf dem Hof nicht so notwendig, denn mein Vater war ja nicht im Krieg – und wir hatten hier noch Familien in zwei Heuhäusern. Sie wohnten praktisch auf dem Betrieb und mussten dann in der Landwirtschaft helfen und so ihre Miete abarbeiten.

Damals, als wir die vielen Leute hier am Tisch hatten, herrschten ja Kriegszustände und die Nahrungsmittel waren knapp – der Soldat musste entsprechend versorgt werden, und da musste man hier kürzer treten und durfte nicht einfach ein Schwein schlachten. Das war verboten, da standen hohe Strafen drauf. Dann hat man schwarz geschlachtet, das hat man nachts gemacht mit einer Person aus dem Dorf, die sich da auskannte, und da hatten wir unten im Keller so ein Bassin gemauert, da kam das Fleisch rein und ganz dick Salz darauf. Dann kam ein Deckel darüber und ein Leinenlaken oder so etwas, damit das atmen konnte. Und so wurde das konserviert. Außerdem hat uns mein Onkel Konservendosen und eine Maschine zum Dichtmachen besorgt – und hier in der Stube, da war ein Holzboden drin, und

Ob Frau oder Mann – jede Arbeitskraft zählte, vor allem bei der wetterabhängigen Heuernte.

darunter haben sie damals so 50 bis 100 Konservendosen hingestellt. Wenn das damals dann nicht so gut schmeckte, das war nicht so tragisch – man musste ja etwas essen! Und als der Hof später abgebrannt war, da war alles verkohlt, und da lagen dann die verkohlten Konservendosen mit dem Fleisch hier überall herum, die waren durch die Hitze explodiert!

Denn im Frühjahr 1945, da stand hier im Ort die Front: Auf einer Strecke von etwa eineinhalb Kilometern befanden sich Panzer an Panzer mit Kanonen auf unseren Ortsteil gerichtet, weil die Kanadier wussten, hier gibt es eine versprengte deutsche Einheit. Das waren nur sieben deutsche Soldaten, die hatten sich hier hinter der Hofeinfahrt verschanzt. Da ist mein Vater zu ihnen hingegangen und hat gesagt: „Jungs, den Krieg können wir nicht mehr gewinnen – seht zu, dass ihr unbeschadet nach Hause kommt!" Da ist der Feldwebel ausgerastet und hat gesagt: „Was haben Sie gesagt – wir können den Krieg nicht mehr gewinnen? Ich habe die Befugnisse, Sie jetzt sofort an die Wand zu stellen!" Die anderen Soldaten konnten den Feldwebel aber wieder so ein bisschen herunterholen, der ist dann allerdings wutentbrannt auf den Dachboden geklettert, hat ein paar Dachpfannen hochgeschoben und hinübergeschaut zur Straße, wo die Panzer mit den Kanonen in unsere Richtung standen. Anscheinend hat das von dort gerade einer mit dem Fernglas beobachtet, denn eine halbe Stunde später schlugen die ersten Granaten hier im Dach ein und es brannte alles. Das war am 8. Mai 1945 – da war der Krieg ja eigentlich vorbei!

Und dann mussten wir raus und sind geflüchtet. Der ganze Hof ist komplett abgebrannt. Der Wohnbereich, das Wirtschaftsgebäude, zwei Scheunen und die beiden Heuhäuser. Die Pferde, die konnte man herausziehen, und das Vieh – die Rinder und die Schweine - das ist von den Ketten gelöst worden. Aber als sie in Panik gerieten, wollten sie zurück in die gewohnte Umgebung, obwohl es da brannte. Wir haben sie herausgetrieben, aber die sind immer wieder zurück ins Feuer gelaufen – und das Jungvieh ist größtenteils verbrannt.

Zwei Tage nach dem Brand kamen dann Engländer mit ihren Jeeps auf den Hof gefahren. Ein Soldat stieg mit seiner MP aus. Unsere ganze Familie musste sich an die Wand stellen. Der Soldat nahm seine MP hoch und Vater und Mutter dachten, nun ist es aus. Der Soldat zählte uns mit seiner MP ab, stieg dann in den Jeep und fuhr weg. Wir hatten überlebt! Mein Onkel vom Nachbardorf hatte nämlich die Engländer geschickt, um zu schauen, ob wir den Brand überlebt hatten. Tage später kamen die Engländer dann noch einmal wieder und verlangten von meinem Vater „Ex“. Mein Vater hatte zwar eine Axt (plattdeutsch: „Ex“), aber die Engländer wollten tatsächlich nur Eier (englisch: „eggs“). Nach dem Krieg mussten auch die Betriebe, die abgebrannt waren – so wie wir – noch die Zwangsabgabe leisten. Aber dann war letzten Endes ja auch das Dorf da – es gab einen Bauernvogt, der hat dann dafür gesorgt, dass Betriebe, die nichts hatten zum Abliefern, Hilfe bekamen. Dann haben sie im Dorf zusammengehalten und solche Betriebe mit unterstützt. Das war bei uns dann auch so – aber eben nur das Allernötigste.

Der Brand war existenzbedrohend! Wirtschaftlich gesehen durch den Verlust vom Vieh, und dann musste alles wieder aufgebaut werden! Die dicken Balken auf der Diele, wo der Boden drauf liegt, die sind aus dem Harz gekommen. Und die haben wir damals mit zwei Pferden und einigen Kühen bezahlt. Ein Maurergeselle hat einen Stundenlohn von 1,80 D-Mark gehabt. Zu der Zeit bekam man aber für einen Zentner Roggen 20 D-Mark und der Maurer arbeitete acht Stunden – also konnte man mit einem Zentner Roggen den ganzen Tag einen Maurer beschäftigen! Insofern war das nicht so dramatisch wie es heute ist, dass man da ein paar Hunderttausend Mark von der Bank holen musste!

Wenn wir als Kinder mit Gleichaltrigen zusammenkamen, dann haben wir uns Buden gebaut – wir haben so ein kleines Wäldchen hier –, da wurden aus der Werkstatt ein paar Nägel stibitzt, sodass man eine kleine Bude im Baum bauen konnte. Oder wir haben Bunker gebaut – vom Krieg hatte man ja einiges mitgekriegt, und wenn der Russe wiederkommt, dass wir in einen Bunker reinkönnen. Oft haben wir Verstecken gespielt. Man hatte aber auch Aufgaben: Zum Beispiel im Sommer, wenn die Kühe auf der Weide waren, es gab ja noch keine Melkmaschine und sie mussten von Hand gemolken werden, da mussten wir Kinder auch mit, die Kühe herantreiben, die meisten wurden dann angebunden zum Melken. Und es gab sehr viel Gartenarbeit – es wurde ja nichts zugekauft, dementsprechend groß war der Gemüsegarten. Da waren die Kartoffeln, die Frühkartoffeln, und große Flächen mit Bohnen und Erbsen und Wurzeln. Das musste alles gepflanzt und geerntet und gesäubert werden, das Kraut musste weggehackt werden – wir hatten immer etwas zu tun!

In der Volksschule haben wir nach dem Krieg jedes Jahr einen Schulausflug gemacht mit der ganzen Schule – von der ersten bis zur achten Klasse – und dann mit Pferd und Wagen. Die meisten Betriebe hatten Ende der 1940er Jahre ja noch keine Gummiwagen, sondern reine Ackerwagen. Wir

Ein Ausflug mit der Kutsche war immer etwas Besonderes – für Schulkinder und auch für die Familie.

hatten aber Gummiwagen, und da kamen zwei Pferde vor, Bänke obendrauf, der Wagen wurde geschmückt und dann fuhr man etwa 20 Kilometer – das war für uns schon ganz schön weit!

Nach dem Krieg gab es ja auch noch hier und da Schafe auf den Höfen, das war so ein kleines Anhängsel. Die Schafe wurden geschoren, und auf den meisten Betrieben war noch eine alte Oma, deren Aufgabe war es, die Schafwolle zu waschen, dann wurde sie gesponnen mit dem Spinnrad, und davon wurden nachher Pullover und Strümpfe gestrickt. Wenn ich als Kind diese selbst gestrickten Strümpfe anziehen musste für die Schule – lange Hosen gab es ja damals nicht für Kinder, das waren Strümpfe mit einem Leibchen –, dann kribbelte das immer so! Und in der Schule, wo man eine Stunde lang stillsitzen musste, fing man an zu rutschen, man konnte nicht stillsitzen – und dann gab es vom Lehrer eins drauf! Wenn die Strümpfe dann endlich eingelaufen waren, richtig eingesessen, dass sie nicht mehr kribbelten – dann hieß es: „Ausziehen – die müssen gewaschen werden!", und dann ging das wieder von vorne los!

Einen Sonntagsbraten gab es in meiner Kindheit auch. Am Montag aber wurde ein großer Eintopf gekocht, da kam das Gemüse rein, und was man geschlachtet hatte. Das waren bei den Schweinen und auch beim Rindvieh allerdings Tiere, die ein bisschen lahm gingen oder alt waren – oder es waren Sauen, die zu wenig Ferkel hatten, aber die wogen dann auch so drei, vier, fünf Zentner und hatten entsprechende Speckschichten. Dieses Fleisch, das kam dann in den Eintopf rein und schmeckte uns Kindern überhaupt nicht – aber man hat sich ja nicht gewagt zu sagen: „Ich mag das nicht!" Das musste gegessen werden – wenn der Vater das sagte, da hat keiner gewagt, zu widersprechen! Und bis der Topf mit dem Eintopf leer war, das war meistens Mittwoch.

Damals hatten wir hier im Dorf einen Schmied, da zogen wir mit unseren Pferden hin, wenn die neue Hufeisen bekamen. Aber da konnte man auch mit einem kaputten Eimer hinfahren, der wurde gelötet – der wurde nicht weggeworfen und neu gekauft, das gab es nicht! Oder wenn Messer vom Mähbalken abgebrochen waren – da fuhr man auch zum Schmied, der hatte ja Ersatzteile. In den 1950er Jahren gab es in unserem Dorf auch 17 Höfe. Da waren viele Betriebe bei, die lagen in der Größenordnung so zwischen 8 und 12 bis 15 Hektar, die hatten wesentlich weniger Fläche, und auch entsprechend weniger Veredelung – also auch weniger Kühe, Nachzucht und Jungvieh. Aber diese Betriebe bauten Marktfrüchte an und fuhren zweimal in der Woche zum Wochenmarkt, und damit konnten sie auch sehr gut leben!

Ende der 1940er und Anfang der 1950er Jahre hatten wir jedenfalls nicht so viel Ackerland und die Erträge waren nur halb so hoch. Es gab das Vieh in den Ställen, die Schweine und das Rindvieh, und das wurde überwiegend mit Getreide gefüttert. Das mit dem Mähbinder geerntete Getreide wurde in Garben eingefahren und auf dem Hof gedroschen, anschließend das Korn zur Genossenschaft gebracht – oder es wurde auf dem Hof gemischt und an die Schweine und das Rindvieh verfüttert. Wir hatten bis Ende der 1950er auch eine eigene Dreschmaschine, da wurden alle 14 Tage Hafer- und Gerstengarben gedroschen, und das Stroh wurde verwendet zur Fütterung von Pferden und dem Jungvieh.

Nach dem Zweiten Weltkrieg wurden junge Menschen eingestellt, die aus dem Krieg zurückkamen – und so hatten wir zwei junge Männer auf dem Hof, weil wir ja viel Handarbeit hatten. Zum Beispiel im Winter die täglichen Stallarbeiten: Man hatte einen Rübenschneider, die Rüben mussten jeden Tag frisch geschnitten werden für die Kühe, es musste Heu aus der Scheune hereingeholt werden, und zweimal am Tag mussten die Kühe – die waren ja alle an der Kette angebunden – per Hand ausgemistet werden. Und im Winter musste noch Holz zum Heizen fertig gemacht werden.

Zur Schule gegangen bin ich bis 1953, das waren praktisch neun Jahre, weil wir im Krieg oft gar nicht zur Schule gekommen sind, wenn Angriffe geflogen wurden, oder wenn im Winter die Klasse zu kalt war: Wenn es unter zehn Grad minus ging, dann konnten wir Kinder so viel Holz gar nicht mitschleppen, um den Klassenraum warm zu haben. Es gab damals ja auch Schneewinter, sodass wir über einen Meter Schnee hatten – da konnten wir gar nicht zur Schule hinkommen. Und deshalb waren das neun Schuljahre.

Nach der Volksschulzeit bin ich auch zur Landjugend gegangen, ab 1953. Wir haben Touren gemacht zum Harz oder ins Rheinland, das war für uns schon außergewöhnlich. Wir hatten auch eine Volkstanzgruppe, wo wir dann auch abends schon mal losdurften. Wir haben uns auch gegenseitig besucht mit den benachbarten Landjugendgruppen, das war eine schöne Gemeinschaft. Und es gab auch spezielle Fachvorträge dort – das war informativ, weil man ja damals kein Fernsehen kannte, und die Presse war damals nicht so lebendig, wie sie heute ist. Wenn man etwas erfahren wollte, war das eigentlich die einzige Möglichkeit.

Nach der mühseligen Ernte kam ein Teil der Garben auf den Getreideboden und wurde bei Bedarf gedroschen, der andere Teil wurde sofort gedroschen und das Korn verkauft.

Melken als Disziplin bei einem Berufswettkampf 1953 – der junge Rudolf Schwarting war dabei und wurde als regionaler Sieger gefeiert.

Nach der Schule habe ich gleich die landwirtschaftliche Berufsschule besucht. Dann habe ich eine landwirtschaftliche Lehre gemacht, bin anschließend zur Landwirtschaftsschule gegangen und habe später den Meisterkurs absolviert. Den Hof habe ich Anfang der 1960er übernommen, geheiratet habe ich 1969.

Mitte und Ende der 1960er Jahre sind wir auf dem Hof maximal auf 30 Kühe gekommen, weil in den Stallungen nicht mehr Platz war – da hätten wir neu bauen müssen. Später haben wir die Kühe noch behalten, die Schweine aber aufgestockt. Den alten Hühnerstall haben wir dann umgebaut für die Schweinemast, sodass wir um die 200 Schweine halten konnten.

Unser ältester Sohn ist 1971 geboren, und 1973 die beiden Zwillinge. Im Jahre 2000 habe ich den Hof an meinen Sohn übergeben, und im gleichen Jahr haben wir die Kühe wegen der damaligen Milchquote und der Notwendigkeit eines neuen Boxenlaufstalls abgeschafft. In meiner Kindheit hatten wir 52 Hektar und heute bewirtschaften wir einen Betriebshof mit 100 Hektar Land. Mein Sohn führt den Hof im Vollerwerb weiter – mit der Schweinemast und der Biogasanlage.

Rudolf Schwarting sitzt immer noch gern auf dem Trecker und hilft seinem Sohn tatkräftig bei der Feldarbeit – vor allem bei Saat und Ernte.

Die Bodenbearbeitung mit dem Kultivator, meist ein leichter Federzinkengrubber, ersetzte häufig das nochmalige Pflügen des Schlages nach dem Winter, den sogenannten Zwiebruch.

DIE PFERDE

PFERDE ALS ARBEITSKRÄFTE

Pferde – die waren Nummer eins auf den Höfen früher! Heutzutage sind es ja die Kühe oder Schweine – aber früher waren die Pferde Nummer eins. Das gehörte einfach in der Landwirtschaft mit dazu.

In unserem Dorf hatte die Pferdezucht bis etwa 1960 sowieso eine große Bedeutung – wir waren ein Dorf der Pferde! Fast jeder Hof hatte mehrere Zuchtstuten, die jedes Jahr ein Fohlen zur Welt brachten. Das waren überwiegend hannoversche Warmblutpferde. Die Hannoveraner waren früher Arbeitspferde, das waren ganz andere Typen als heutzutage, das ist mit heute überhaupt nicht zu vergleichen – es war ein Warmblut, aber ein schwereres Warmblut.

Die Zuchtstuten wurden auch als Arbeitspferde eingesetzt; sie eigneten sich durch die gute Züchtung aber auch als Reitpferd – und deshalb gab es hier in der Umgebung auch mehrere Reitvereine. So konnte das Pferd also für die Arbeit, zum Reiten und eben in der Zucht eingesetzt werden. Durch die Mechanisierung der Landwirtschaft wurde das Pferd aber mehr und mehr verdrängt, es wurden kaum noch Fohlen geboren und der Pferdebestand ging zurück.

Wir hatten hier zuerst immer zwei Gespannpferde, also vier Pferde – das waren die Arbeitspferde und zugleich Zuchtstuten – und dann waren da auch noch ein paar junge Pferde mit bei. Außerdem hatten wir hier ein Pferd, das war ein Flüchtlingspferd, das hieß Klaus – und das war ein ganz Fauler! Der ließ sich immer von den anderen mitschleppen, so ungefähr, den musste man immer antreiben! Aber wenn es dann nach Hause ging, da schlug er hinten aus! *Heinrich Fricke*

Alle hatten Pferde zu der Zeit, wenn auch die großen Betriebe schon mal einen Trecker hatten. Aber wir haben immer Pferde gehabt. Meistens waren es sozusagen alte Klepper, und mein Vater hat die auch bewusst so gekauft, damit die nicht Soldat werden mussten – denn Pferde wurden ja im Krieg auch gemustert. Dann kamen 1945 im Frühjahr Flüchtlinge aus Westpreußen mit dem Trecker, die hatten auch zwei Pferde mitgebracht.

Sehr wenige Betriebe setzen das Pferd heute noch zum Pflügen ein – erleben kann man dies fast nur noch auf Pflüge-Meisterschaften.

Und die wollten sie auch gerne behalten, weil sie gedacht haben, sie können mit den Pferden irgendwann wieder nach Hause fahren. Mein Vater hat dann eins von seinen Pferden verkauft und diese beiden Flüchtlingspferde behalten – das waren übrigens Trakehner! Und dann musste ich schon mit unserem verbliebenen Pferd pflügen, und die Flüchtlingspferde, die gingen als Gespann.

Hermann Dieck

Von Pflügen, Eggen und Grubbern im Frühjahr über Kartoffeln und Rüben igeln bis Mist und Jauche fahren – das wurde alles mit Pferden gemacht! Und das sicherste Gespann, das bekam ich dann schon – denn es kam ja auch mal vor, dass Pferde durchgegangen sind, wenn man nicht richtig aufgepasst hat! *Heinrich Fricke*

Wir hatten hier sechs Arbeitspferde, darunter aber zwei Fohlen – junge Pferde, die noch nicht zur Arbeit gebraucht werden konnten –, aber wir hatten vier Pferde, die ständig zur Arbeit eingesetzt wurden. Zum Beispiel im Frühjahr: Bevor wir da auf dem Acker mit den Pferden zu arbeiten beginnen konnten, wurde erst mal mit einem Kultivator die Erde aufgelockert, damit da ein bisschen Luft reinkam, denn der Acker hatte ja den ganzen Winter so dagelegen. Erst dann ging das mit dem Pflügen los. Wir hatten ja immerhin so 15 bis 20 Hektar Ackerland – ein Gespann pro Furche, so, und ein Gespann schaffte pro Tag nur 0,5 bis 0,7 Hektar – insofern musste man schon zwei Gespanne haben, wenn man die Ackerflächen gepflügt haben wollte!

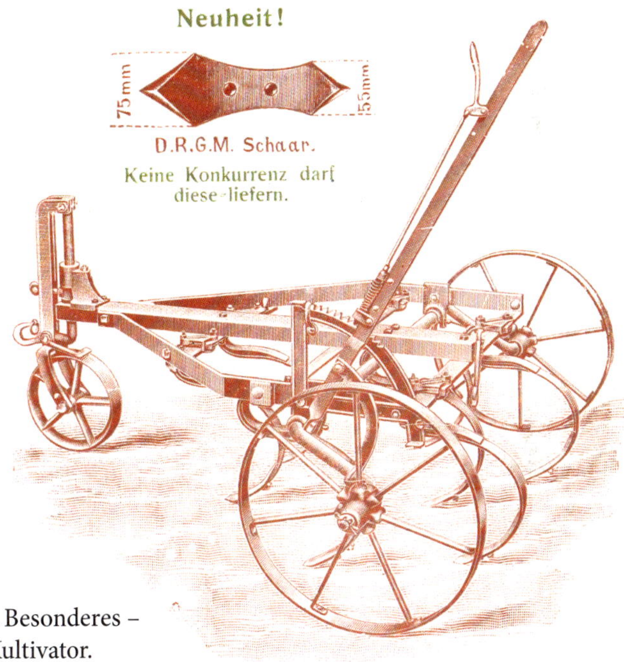

Damals etwas ganz Besonderes – Werbung für den Kultivator.

Schon damals wichtig in der Landwirtschaft: besondere Pflüge, die zeitsparendes und kräfteschonendes Arbeiten versprachen.

Da musste man einen speziellen Pferdepflug auf zwei Rädern haben. In der Mitte war der Pflug, hinten zwei Griffe, mit denen man den Pflug führte, die Leine hat man sich um den Körper geschlungen, und dann pflügte man mit einem Schar und zwei Pferden. Wenn man dann am Ende des Ackers war – mit den Pferden hatte man ja ein besonderes Verhältnis – und wenn die links herum sollten, dann sagte man „hier“, und wenn die rechts herum sollten, dann sagte man „hopp“. Das funktionierte auch. Und wenn da ein junges Pferd eingearbeitet werden sollte, das kam immer neben ein altes Pferd, das alte Pferd beherrschte das ja, und es dauerte kein Jahr, dann beherrschte das junge Pferd diese Kommandos auch!

Und wenn der Acker gepflügt war, dann musste das gleiche Stück geeggt werden, weil die Pflugschollen, die lagen ja in großen Schollen da, also ging man da mit Eggen rüber. Dann hat man das einmal geeggt, und wenn das dann ein bisschen grobscholliger oder der Boden ein bisschen schwerer war, dann musste man zweimal rüber.

Rudolf Schwarting

Früher wurden die ganzen Felder auch im Herbst gepflügt, wo im nächsten Frühjahr der Hafer drauf bestellt wurde. Durch das Grubbern mit den Pferden hat man den Boden ein bisschen aufgerissen, weil der ja durch die Feuchtigkeit und vom Schnee fest war und sich dadurch erwärmen sollte. Anschließend wurde die Fläche wieder geeggt und dann Korn gesät. Das Mühseligste mit den Pferden war eigentlich das Pflügen. Mit den Pferden hat man einen halben Hektar pro Tag fertig gepflügt, mehr nicht!

Und vor allem musste man hinter dem Pflug herlaufen, hinter der Egge herlaufen – bei den Pferden musste man immer hinterherlaufen! Wenn man den ganzen Tag auf dem losen Acker geeggt hatte, dann waren die Beine abends lang! Aber hinter dem Pflug ging das noch – den Pflug hat man ja immer mit zwei Händen angefasst, und der zog einen ja ein klein bisschen mit, und das genügte schon, man wurde praktisch von den Pferden so ein bisschen mitgezogen – richtig mitgezogen auch nicht, aber es ging sich leichter, und man ging in der Furche – und in der Furche war es fest. *Heinrich Fricke*

Nach dem Pflügen wurde dann das Getreide gedrillt. Im Frühjahr das Sommergetreide, im Herbst das Wintergetreide – und das alles mit den Pferden. Da gab es eine Drillmaschine mit zwei großen Rädern, die war zwei Meter breit;

DER PFLUG

Der Pflug als landwirtschaftliches Gerät zur Lockerung und Wendung des Ackerbodens hat eine Geschichte, die bis in die Jungsteinzeit reicht. Archäologische Funde zeigen, dass der Boden schon damals mit Ritzpflügen bearbeitet worden ist – er wurde dadurch allerdings nicht gewendet. Außerdem konnte die Holzspitze am Pflug die oberste Erdschicht lediglich aufkratzen, sodass der Acker mühsam in zwei Richtungen gepflügt werden musste (sogenanntes Kreuzpflügen).

Einen großen Sprung nach vorn bedeutete die Erfindung des Kehrpfluges im 15. Jahrhundert, denn nun konnte man den Pflug am Ende der Furche endlich wenden! Später kamen die Sterzen dazu (Griffe am Pflug zur besseren Führung) sowie der Pflugkörper aus Eisen mit Schar und Streichblech.

Nach wie vor besteht ein Pflug aus fünf Elementen: der Schar, dem Streichblech, der Sohle, der Griessäule und dem Grindel. Die Sterzen wurden nach Einführung des Treckers überflüssig, dafür hat sich die Anzahl der Schare vervielfacht – bei der heutigen Bodenbearbeitung kommen fünf Schare und mehr zum Einsatz!

Der Kartoffel-Schleuderroder mit Auffangkorb: eine absolute Neuheit, die bei Vorführungen auf großes Interesse stieß.

dazwischen waren der Säkasten und die kleinen Säräder, außerdem die Ausläufe mit den Säscharen. Nach vorne hin gab es dann so einen v-förmigen Vorbau, da waren zwei kleinere Räder, wo eben an einem Zugbalken – das waren Schwengel – zwei Pferde vorgespannt wurden, die die Sämaschine zogen.

Und eine Person hatte dann das Steuer in der Hand, das war ein langes Gestänge, das ging über die Sämaschine zu den beiden Vorderrädern, damit konnte man die Vorderräder dann lenken. Und die zweite Person, die hatte so einen 1,50 Meter langen Stock, da war vorne so eine kleine Eisendelle dran, mit der man Unkraut von den Säscharen abstreifen musste, weil sonst die Erde in den Säscharen nicht wieder zusammenfiel, und das Getreide dann offen auf dem Boden lag.

Außerdem mussten im Frühjahr, wenn es dann losging mit der Bestellung, ja auch Kartoffeln gepflanzt werden. Das ging damals ja alles noch von Hand. Da gab es so eine Maschine, die nannte sich Vielfachgerät, da kam ein Pferd vor, da waren dann zwei Sternräder mit so kleinen Schaufeln dran, und die gruben dann alle 30 Zentimeter ein Loch, wo die Kartoffeln reinkamen. Anschließend ging dann die Pflanzkolonne los mit einem kleinen Sack voll Pflanzkartoffeln, der umgehängt wurde, und warf in jedes Loch eine Kartoffel rein und trat dann drauf – so ging das den ganzen Tag durch. Und hinterher fuhr man mit dem gleichen Gerät noch mal los, da kam dann ein anderes Anbaugerät hinten dran und häufelte die Kartoffeln von den Seiten her an. Das war das Kartoffelnpflanzen! *Rudolf Schwarting*

Für den Kartoffelanbau hat man nach dem Zweiten Weltkrieg etwa ein Drittel der Ackerflächen genutzt. Wenn man losging, um die Kartoffeln zu pflanzen, gab es auf dem Acker immer eine flache und eine tiefe Furche, sodass man die Reihen erkennen konnte, die später angehäufelt wurden. Der Kartoffelpflug hatte zwei verstellbare Streichblätter und wurde von einem Pferd gezogen.

Durch die sogenannten Vielfachgeräte wurde die Arbeit leichter, weil man dadurch als Pflanzer besser gehen konnte als vorher in der Pflugfurche. Am Vielfachgerät waren zwei Sternräder angebracht, die den genauen Abstand für zwei Kartoffeln durch kleine Löcher markierten. Nach dem Pflanzen wurden die Kartoffeln mithilfe des Vielfachgerätes angehäufelt, das auch von einem Pferd gezogen wurde.

Wenn es dann um die Ernte ging, wurden die Kartoffeln bis nach 1950 mit einem Pflug oder mit einem Schleuderroder aus dem Boden geholt. Beim Schleuderroder, der von zwei Pferden gezogen wurde, lagen die Kartoffeln weit auseinander, sodass jede Reihe gleich nach dem Ausroden aufgesucht werden musste. *Heinrich Fricke*

Dann ging es ja im Frühjahr weiter zur Grasernte – und wenn man mit dem Mähen fertig war, dann musste das Heu ja auch bewegt werden, damit es trocknen kann. Abends musste das ganze Gras in Haufen gesetzt werden; wenn es nachts regnete, damit das Heu nicht nass regnen konnte. Da musste ein schöner akkurater Haufen gemacht werden, der auch abwassern konnte! *Rudolf Schwarting*

Für die Ernte gab es ja schon so um 1910 die ersten Mähmaschinen mit Messerbalken. Die wurden von zwei Pferden gezogen. Der Messerbalken wurde über die Bodenräder angetrieben. Und über dem rechten Rad gab es einen zweiten Sitz für den Garben-Ableger bei der Getreideernte. Der Ableger legte das gemähte Getreide mit dem Ablegerstock garbenweise auf den Acker, wo die Binder die einzelnen losen Bündel mit einem Strohseil aufbanden. Nach dem Binden stellte man die einzelnen Garben zu Hocken beziehungsweise Stiegen zusammen, damit sie nicht einregneten. Zu einer Roggenhocke gehörten 18 Garben, fünfmal zwei Garben innen und viermal zwei Garben außen. Für eine Haferhocke benötigte man 10 Garben. Je nachdem, wie die Sonne schien, konnte man einige Tage später mit dem Einfahren beginnen. Zum Laden auf dem Feld brauchte man ein

Das Anlegen einer Heumiete mit Abwässerungsgraben war eine Wissenschaft für sich.

Pferdegespann mit dem Wagen und zwei Personen: Einer stakte die trockenen Garben mit der Forke auf den Wagen, der andere verpackte die Garben auf dem Wagen so, dass der volle Wagen sicher auf den Hof gefahren werden konnte.

Später wurden die Getreidemäher durch den Mähbinder abgelöst, für den man drei Pferde brauchte. Das Mähwerk und die Bindevorrichtung wurden durch die Bodenräder angetrieben. Durch diese Maschine entfiel die mühselige Arbeit des Kornbindens – das hat ja dann die Maschine gemacht! Mein Vater hat solch einen Mähbinder Mitte der 30er Jahre gekauft – und ein paar Jahre später noch einen Sachsmotor zum Antrieb für den Mäher. Das war eine Erleichterung für die Pferde – und mein Vater brauchte nur noch mit zwei Pferden mähen, sonst wären es ja drei gewesen! *Heinrich Fricke*

1935 hat unser Betrieb ja den ersten Selbstbinder bekommen, da kamen aber drei Pferde vor. Und diese drei Pferde mussten ja die ganze Technik in Gang setzen. Der Bodenradantrieb, das war ein 60 Zentimeter breiter Eisenreifen, wenn man das so sagen will, mit einem starken Profil drauf, damit das nicht rutschte. Und über diesen Reifen musste vorne das Messer zum Schneiden angetrieben werden, an der Seite die Schnecke, das war so ein Halmteiler, der drehte sich immer links herum, das abgemähte Getreide fiel auf ein sogenanntes Tischlaken, das war dann ein Rechtsbinder und dann lief alles, was verarbeitet werden musste, nach links hin. Die gleiche Ausführung gab es auch umgekehrt, ein Linksbinder. Beim Rechtsbinder waren rechts die Schnecke, das Messer, das Tischlaken, dann kamen zwei Elevatorlaken, die beförderten das Getreide schräg hoch, und dann kam dort der Knotapparat. Und wenn die Garbe dann fertig geknotet war durch ein Band, dann waren da zwei Gabeln, da fiel die Garbe drauf, und zur gleichen Zeit, wenn die Garbe darauffiel, löste das einen Kontakt aus, von oben kamen dann zwei Holzstäbe, die warfen die Garbe herunter und die lag dann auf dem Boden. Das musste alles angetrieben werden über dieses Bodenrad und die Pferde mussten das ziehen – das war gar nicht so leicht!

Und bei der Feldarbeit zur Getreideernte, da wurden ja damals mit dem Mähbinder die Garben zur Seite abgelegt, und die mussten nachher ja zum Trocknen gehockt werden. Die Roggenernte begann so etwa am 20. Juli, und das ging mit dem Weizen durch so insgesamt gute vier Wochen. Da war man die meiste Zeit auf dem Feld und rannte

Der Selbstbinder machte das manuelle Kornbinden überflüssig und sparte damit Kraft und Zeit – doch für die Pferde wurde es umso anstrengender.

hinter den Garben her – das war ganz schön anstrengend! Und wenn dann die letzte Garbe in eine Hocke gesetzt wurde, da stand manchmal eine Flasche Schnaps und eine Kiste Bier dahinter! Und man wusste schon, wo die Kiste Bier steht und wo die Flasche Schnaps liegt. Man hat praktisch daraufhingearbeitet, dass man gegen Abend da war und es dann fand. Das war so ein Ritual, was es häufig gab! Und das wurde auch gerne mitgemacht von allen Beteiligten, nicht! Wenn man so vier Wochen lang immer gelaufen ist mit den ollen Garben und mit einem Mal steht eine Kiste Bier da – das war schon etwas! *Rudolf Schwarting*

Die Pferde haben die Erntemaschinen gezogen – mein Vater hatte schon früh einen Grasmäher, und 1940 hat er einen Mähbinder gekauft. Das war so für kleine Betriebe unüblich, aber so ein Mähbinder war natürlich eine riesige Erleichterung. Wir brauchten das Getreide nicht mehr selbst binden, und dieses Gerät war für zwei Pferde, ein sogenannter Leichtbinder. Vorher hatten Nachbarn mit uns zusammen gemäht, und da hatten wir einen mit drei Pferden davor gehabt. Das war immer ein ziemliches Unterfangen, diese drei Pferde davorzuspannen, die ja auch nicht jeden Tag zusammengearbeitet haben, die waren sich auch nicht immer sehr freundlich gesonnen, nicht – und ich hatte immer so ein bisschen meine Schwierigkeiten damit! Auf dem Lehrhof 1956 war es bei mir übrigens auch nicht so einfach mit den Pferden. Da bekam ich ein Gespann mit Hannoveranern in die Hand gedrückt: Ich kam im April dahin, und die Pferde hatten den ganzen Winter über nichts gemacht, sie waren auch nicht viel draußen gewesen, und dann sollte ich mit der Drillmaschine los. Ich hatte die Pferde gerade angespannt, da standen die nicht mehr vor der Drillmaschine, sondern dahinter – die waren also darübergesprungen! Dann kam der Chef und sagte: „Na, damit kommst du wohl nicht so zurecht!“ und ich sagte „Nee!“ und er sah das Chaos dann ja auch, und er meinte: „Dann spann mal die Pferde aus und dann kannst du einen Trecker nehmen und spannst den davor!“

Hermann Dieck

Ab und zu fuhren wir auch mit einigen Pferden zum Schmied ins Nachbardorf. Dabei war das mit den Hufen ganz unterschiedlich: Das eine Pferd hat einen schnelleren Hufwuchs als das andere; dann wieder gab es ein Pferd, das brauchte überhaupt nicht zum Schmied, es konnte immer barfuß gehen und brauchte keine Eisen – so etwas gab es auch, es war ganz verschieden. Da konnte man nicht sagen: „Ich muss regelmäßig alle vier Wochen da hin!“ – nein, das war ganz unter-

Hocken aufstellen – auch 1951 noch ein typisches Bild auf den Feldern. Mit dem Mähdrescher verschwand später diese mühevolle Tätigkeit.

schiedlich! Die Pferde, die auf der Straße gingen, die mussten grundsätzlich vier Eisen haben. Aber die auf dem Feld gingen, bei denen war das anders – und bei jungen Pferden dauerte es sowieso erst mal länger, bis die dann ein Eisen kriegten. Nach Möglichkeit hat man das ja auch hinausgezögert, das kostete ja alles Geld!

Überhaupt war das Pferd ja bis etwa 1960 eine ganz wichtige Arbeitskraft und Betriebshelfer für jeden Bauern. Deshalb war es ganz schlimm, wenn ein Pferd „arbeitsunfähig" wurde.

Heinrich Fricke

Die häufigste Pferdekrankheit damals war die Kolik, das muss man vergleichen mit einem Infarkt. Wenn ein Betrieb nur ein oder zwei Pferde hatte und davon fiel eins um, dann konnte der Bauer ja gar nicht mehr pflügen! Zu der Zeit gab es ja noch keine Lohnunternehmen – und die anderen Betriebe, die hatten auch keine Pferde über!

Rudolf Schwarting

Nicht nur in der Landwirtschaft war das Pferd unersetzlich: Alle Lasten wurden früher mit dem Pferd bewegt – und auch das Feierabend-Bier kam per Kutsche.

Der Leichtbinder war eine wesentliche Erleichterung für kleinere Betriebe – schließlich brauchte man nur noch zwei Pferde für die Getreideernte.

Deshalb taten sich viele Bauern zusammen und gründeten eine Pferdeversicherung, da konnte jeder Landwirt seine Pferde gegen Todesfall versichern. Der Wert der einzelnen Pferde wurde jedes Jahr neu geschätzt. Wenn dann ein Pferd starb, wurde dem Besitzer der Schätzwert des Pferdes ausgezahlt. *Heinrich Fricke*

Genau das Gleiche gab es bei den Kühen übrigens auch – da gab es eine Kuhversicherung. Wenn bei 20 Kühen eine ausfällt, ist das zwar ein erheblicher Schaden, aber die Lücke schließt sich wieder. Aber wenn ein Bauer nur zwei oder drei Kühe hatte, dann tat das schon mehr weh – das sind dann schon 30 Prozent! Und solche Betriebe hatten dann eine Kuhversicherung.

Aber nun wieder zurück zu den Pferden – ich erinnere mich da noch genau an meine Kindheit: Bei der Ernte kam ich schon mit acht, neun Jahren auf einem Pferd zu sitzen, was neben dem Getreide ging. Und dieses Pferd durfte auf keinen Fall Getreideähren abpflücken oder abbeißen, da musste ich aufpassen. Und dann, so als Kind damals, wenn man darauf saß, das war ja warm, die Sonne brannte von oben, es kam ein Sack auf das Pferd, aber dieser Sack war schnell durchgeschwitzt, und wenn man so zwei, drei Stunden draufgesessen hatte, dann fing der Schweiß vom Pferd an zu brennen an den Beinen – aber man musste den ganzen Tag durchhalten und draufsitzen! Die Sonne brannte von oben, dann schlief man auch mal ein, und die Pferde, die knapsten dann ein paar Roggenähren ab, und schon kam ein Donnerwetter von hinten: „Nun pass auf, hast du nichts zu tun – und lässt die Pferde noch Korn abfressen!“ *Rudolf Schwarting*

Durch den Krieg sind wir ja zurückgeworfen worden mit den ganzen Maschinen, also auch mit dem Mähbinder – hier im Dorf hatten sie ja einen Selbstbinder für Getreide, aber den gab es dann nicht mehr, weil ja alles verbrannt war! Dann wurde das Getreide mit der Hand gebunden, so sieben, acht Leute mussten das Korn zusammenbinden, und ich musste dann die Pferde immer führen bei der Mähmaschine. Wenn ich dann mal nicht richtig aufgepasst hatte – weil ich die Leine einfach nur locker in der Hand hielt – und wenn die Pferde dann so ein bisschen ins Korn liefen, dann kam mein Vater und – zack! – kriegte ich einen mit dem Abriegelstock, so nach dem Motto: „Pass auf!“ Nicht immer, aber es kam vor! *Heinrich Fricke*

Es war zwar kein richtiges Pferd, aber ich hatte damals auch noch ein Erlebnis mit einem Maulesel, den es auf dem Lehrhof gab: Mit diesem Maulesel sollte ich Runkelrüben igeln, also das Unkraut zwischen den Pflanzen wegmachen, und dieser olle Maulesel, der ging immer so wie ein Hund, vorne mit den Vorderfüßen auf der einen Reihe und mit den Hinterbeinen auf der anderen! Ich bin bald krank geworden da an dem Tag, und das war auch keine gute Arbeit, die ich da abgeliefert hatte! Aber der Chef war gnädig, weil er wusste, das Unkraut war etwas höher als die Rüben, das hätte also schon längst gemacht werden müssen, nicht! Das waren eigentlich so meine letzten Erfahrungen mit Pferden – dann war das Thema mit den Pferden für mich zu Ende.

Hermann Dieck

Schon in jungem Alter mit auf dem Acker – die Bauernkinder lernten die Arbeit von der Pike auf kennen.

Die Pferde bestimmten damals den Tagesablauf auf dem Hof – schließlich brauchten sie ihre regelmäßigen Pausen.

Übrigens haben wir mit den Pferden auch Holz gerückt, wenn wir im Winter Brennholz brauchten. Dann wurde im Wald – große Wälder haben wir hier ja nicht – und an den Grünflächen gearbeitet, wo die Bäume zu nah dranstanden. Die wurden dann mit einer Kappsäge abgesägt, eine Motorsäge gab es ja auch noch nicht, und dann wurden die Stämme von den Pferden zum Hof gezogen, wo das Holz dann durchgesägt wurde. Anschließend musste man ja alles noch mit der Axt zerkleinern. Das war eigentlich so die Arbeit für die Pferde mit dem Holz. *Rudolf Schwarting*

Bei allen Arbeiten mussten die Pferde aber auch immer wieder Pause haben, die mussten ja wieder was zu fressen haben! Wenn wir die Pferde morgens angespannt haben, dann haben sie schon mal ihre „zwei Futter" bekommen – so nannte man eine Häckselmulde, groß wie ein Drahtkorb, aber aus Weide geflochten. Das war dann voll Häcksel, hauptsächlich Haferstroh. Zusätzlich kriegten sie meistens noch eine Schaufel Hafer obendrauf, damit sie auch Kräfte hatten.

Die Pferde bekamen ja immer Häcksel; ungeschnittenes Stroh oder so etwas haben wir nie verfüttert! Und wenn sie dann mittags wieder nach Hause kamen, dann gab es wieder zwei Futter – und das wurde auch ein klein bisschen angefeuchtet, sonst haben sie das gerne rausgepustet und nur das Korn gefressen! Abends gab es noch mal zwei Futter, aber eine Forke voll Heu noch dabei – so wurden bei uns die Pferde verpflegt. *Heinrich Fricke*

Wenn die Pferde im Frühjahr auf die Weide kamen, dann nahm man ein Stück Brot mit, damit man die Pferde auch kriegte. Allerdings hatte man selbst auch etwas mehr Appetit als heutzutage – wenn man dann zur Pferdeweide hinkam, dann hatte man die halbe Scheibe Brot oft schon auf! Wenn die Pferde das dann kannten und gewitzt waren und nicht so große Motivation hatten, dann machten sie einen langen Hals, nippten kurz am Brot, zogen ihren Kopf schnell zurück und hauten wieder ab! Und dann musste man sehen, dass man sie kriegte – dann musste man Verstärkung holen, und in irgendeiner Ecke hat man das Pferd dann aufgezäumt und nahm es mit zur Arbeit. *Rudolf Schwarting*

Mühselig für die Pferde war wohl – neben dem Pflügen – das Arbeiten vor dem Mähbinder. Denn in der Erntezeit war es ja immer warm oder sogar richtig heiß – und dann mussten sie schon richtig ran, nicht! Aber zur Kaffeezeit bekamen sie immer ein Pferdebrot. Wir haben ja immer selber gebacken – und das alte Brot, was man nicht mehr so gut essen konnte, das bekamen die Pferde dann zum Kaffee, also wenn wir Kaffee getrunken haben, und das wussten die dann schon so!

Heinrich Fricke

Jedenfalls war die viele körperliche Arbeit damals, verbunden mit den Pferden, wirklich mühselig – aber es ging, und auch ohne große Probleme, weil man eben nichts Besseres kannte.

Rudolf Schwarting

Dabei gab es ja auch ganz viele Verrichtungen, die man aus eigener Arbeitskraft und halt mit der Hand machen musste – zum Beispiel mit der Forke. Wenn wir einen Waggon voll Rüben, 25 Tonnen, mit zwei Mann vollgeschaufelt hatten, drei bis vier Stunden lang, dann war man kaputt! Man war hin – ein Bier hat gereicht, und man war duhn!

Hermann Dieck

Aber verflucht hat man die Arbeit eigentlich nicht, nee! Ich bin mit Leib und Seele Bauer gewesen – und bin es noch! Dann verflucht man die Arbeit nicht: Man hat sich gefreut, wenn man viel geschafft hatte! *Heinrich Fricke*

ARBEITSPFERDE ALS FREIZEITPARTNER

Ich mochte gerne Pferde, ich bin ja auch praktisch mit Pferden groß geworden, auch als Junge hat mir das immer Spaß gemacht, wenn wir kleine Fohlen hatten, ihnen das Halfter angelegt und ihnen das Trecken beigebracht haben, ja!

Heinrich Fricke

Wenn eine Stute fohlen wollte, dann wurde sie – im Frühjahr vor allem bei den Ackerarbeiten – jeden Tag mit angespannt. Sie brauchte nicht mehr vor dem schweren Pflug zu gehen, aber vor den leichten Eggen: vor der Saategge oder der Drillmaschine, wo zwei Pferde vorkamen. Weil sie Bewegung haben musste und dadurch ist die Geburt dann leichter. Wenn die Geburt dann ansteht, dann legt sich so ein Pferd zwei bis drei Tage nicht mehr hin, und wenn sich eine Stute hinlegt, dann geht das auch innerhalb von einer halben Stunde – und dann ist das Fohlen da.

Die Stuten fohlten ja überwiegend nachts, das hatte ja auch mit dem Mond zu tun, und man konnte das vorher ja schon so ungefähr beurteilen, wann es so weit ist. Dann hieß es: „Diese Nacht oder morgen ist es so weit!“ Und wenn sich dann so ein Pferd hinlegt, dann muss das schnell gehen

Trotz der vielen und harten Arbeit – gefeiert wurde auf den Höfen immer gern.

Heinrich Fricke als Jugendlicher mit Stute und Fohlen.

und dann muss auch eine Person dabei sein, wenn mal Komplikationen entstehen. Denn beim Pferd müssen die schnell behoben werden, sonst ist das Fohlen tot. Und dann wurde nachts auch einer abkommandiert, dass die Stute nicht alleine fohlt. Manchmal passierte es, dass die Wachperson einschlief, und am nächsten Morgen stand das Fohlen entweder im Stall oder es war ein Malheur passiert – und das Malheur war nicht klein damals! Um das zu vermeiden, bekam die Stute manchmal ein Tau um ihren Leib gewickelt. Das Tau kam über die Pferdekrippe, und vor der Krippe im Futtergang, da kam ein Ballen Stroh hin, da schlief die Wachperson drauf. Die kriegte das Tau auch um den Körper – und sobald sich die Stute hinlegte, wurde automatisch diese Person hochgezogen. Und dann ist sie auch aufgewacht!

Als ich Kind war, bin ich nachts schon aufgestanden und habe immer geschaut, wann geht es denn los! Und wenn das Fohlen dann da war, das war immer eine ganz große Sache für uns Kinder damals – auch wenn das Fohlen dann auf die Weide kam und dort herumtollte. *Rudolf Schwarting*

Mit Pferden hatte ich nie so ein gutes Verhältnis – na, die waren mir ein bisschen suspekt! Wir hatten im Krieg mal eine Einquartierung hier, eine Kavallerieeinheit, die ihre Pferde bei uns in der Scheune untergestellt hatte. Da wurde ich dann auch draufgesetzt, und das war mir viel zu hoch da oben! Und von dem Flüchtlingspferd, da bin ich einmal heruntergeflogen, und seitdem bin ich nicht wieder aufgestiegen! *Hermann Dieck*

Man wuchs ja mit den Pferden auf, nicht! Wenn die Pferde vom Feld kamen, wurden sie auf dem Hof ausgespannt und konnten danach auf die Weide hinter dem Garten. Da mussten sie ja hingebracht werden, und dann haben wir uns immer darum gestritten, wer die Pferde nun zur Weide hin reiten darf – es waren nur zwei Pferde, aber vier, fünf Kinder standen an und jeder wollte ein Pferd reiten. Und dann wurde man hinaufgesetzt und dann musste man sich sofort an der Mähne festhalten, weil die Pferde aus dem Stand sofort im Galopp losgingen, bis vor das Tor – und dann machten sie eine Vollbremsung. Die ersten Male ist da jeder heruntergefallen, aber zuletzt wusste man das ja. Wenn man kurz vorm Weidetor war, dann hat man sich an der Mähne festgehalten, und wenn die Vollbremsung kam – dann ging das ja!

Die Pferde wurden ja auch eingeritten, und wenn so ein junges Pferd eingeritten wurde, das war gar nicht so einfach. Die meisten Pferde fanden es

erst gar nicht lustig, dass da oben jemand draufsaß. Man ging dann auf den gepflügten Acker, wo das Pferd richtig tief einsackte, dann wurde man da heraufgehoben und musste sich festhalten, denn das Pferd fing dann ja an zu bocken und Spirenzchen zu machen. Dann musste man sehen, dass man oben blieb! Und wenn man dann herunterfiel, dann fiel man ja nicht auf ein Pflaster, sondern auf das weiche Ackerland. Das waren so die ersten Übungen mit dem Pferd, und dann ging das schnell so weiter. *Rudolf Schwarting*

Man ist mit den Pferden zur Weide geritten, ja! Und öfter auch mal ein bisschen schneller, nicht – als Junge musste man das einfach, auch ohne Sattel, einfach so drauf! Schön war das immer sonntags morgens, da ritten wir dann mit den Pferden los: durch Wald und Heide, einfach so – das war immer ein schönes Erlebnis! Ja, ich hatte es eben mit den Pferden – die anderen, die mögen wohl Fußball gespielt haben, aber das hat mich gar nicht gekümmert, muss ich ehrlich sagen!

Heinrich Fricke

Eine wunderbare Abwechslung vom harten Alltag in der Landwirtschaft – ein Ritt durch den Wald.

Heinrich Fricke (ganz links) als stolzer Turnierreiter.

Eine Attraktion auf den Dörfern: die Reitturniere mit Akteuren in schicken Uniformen.

Mein Vater war damals im Reitsport sehr aktiv, mein großer Bruder auch. Was die beiden dann alles so erreicht hatten im Reitsport, dem musste man selber dann ja auch nacheifern. Und dann bin ich mit 11, 12 Jahren auch sehr schnell angefangen mit dem Reitsport im Reitverein, und das ging so, bis ich 25, 30 Jahre alt war. *Rudolf Schwarting*

Ich habe ja in den 1950er Jahren auf Turnieren geritten, und das waren auch Arbeitspferde, die wir damals zu den Turnieren mitnahmen! Da waren ja auch nur Bauernjungs, die auf den Reitturnieren starteten, das stand schon vorher in der Ausschreibung: Nur Pferde sind zugelassen, die in der Landwirtschaft Verwendung finden! *Heinrich Fricke*

Im Landkreis Oldenburg und Hannover, da gab es so gut wie keine Kaltblutpferde. Bei uns, das waren die dicken Belgier. Nur die Flüchtlingsfamilien, die kamen mit den Kaltblutpferden hier an. Das waren Pferde, die richtig etwas bewegen konnten. Die waren aber nicht zum Reiten zu gebrauchen als Freizeitpferd – überhaupt nicht –, nur zur Arbeit! Und der Hannoveraner war vom Vollblut her gesehen schon etwas weiter als der Oldenburger, der hatte schon mehr Temperament. Und wir hatten Oldenburger. Dann kamen Südoldenburger Reiter mit Hannoveranern hier auf unsere Turniere, und da konnten wir mit unseren Oldenburger Pferden nicht mithalten – die waren so zu zwei Drittel Arbeitspferde und ein Drittel Reitpferde, während das bei den Hannoveranern halb und halb war. *Rudolf Schwarting*

Ich bin 1960 mit einem Pferd gestürzt! Wir haben ja auch junge Pferde eingeritten, die dann verkauft wurden. Die waren ja auch nicht immer gleich so artig, und da bin ich mit einem Pferd gestürzt. Beim Aufsitzen stieg das Pferd gleich vorne hoch und ist dann auf mich heraufgefallen. Da hatte ich einen Oberarmbruch, einen Schlüsselbeinbruch, Rippenbrüche und Brustbeinquetschung, und das Lungenfell war angerissen! Da habe ich sechs Wochen im Krankenhaus gelegen, das war mein schlimmstes Erlebnis mit den Pferden. Danach hatte ich vor ihnen Angst, ja! Ich bin dann zwar wieder geritten, aber die Angst blieb. Wenn ich nur gesehen habe, dass irgendwo auf einem Turnier ein Pferd so hochstieg, das ging einem gleich durch! Und das sitzt heute noch drin!

Heinrich Fricke

Später hatten wir dann ein Pferd, mit dem ich in der Freizeit und auf Turnieren im Verein geritten bin. Das war damals ein besonderes Pferd, schon

Richtung Vollblut und hatte viel Temperament. Mit diesem Pferd habe ich mich so angefreundet, mit dem konnte ich zuletzt reiten ohne Zaumzeug und ohne alles. Einmal war ich etwa zwei Kilometer vom Hof entfernt und habe Zäune kontrolliert, dann kam plötzlich ein Gewitter auf. Ich wollte das aber fertig haben und habe dann zu lange dort herumgewurstelt, aber dann kamen die Einschläge näher. Deshalb habe ich Ajax gerufen – so hieß der Wallach – und der kam auch her, und er hatte ja kein Zaumzeug und nichts auf; ich habe mich hinaufgeschwungen und die Hacken hineingegeben und bin dann im gestreckten Galopp zum Hof hin! Er kannte ja den Weg, und vorm Hof bremste er ab, ich bin abgestiegen und er ist rein in den Stall. Das war so ein Verhältnis von Mensch zum Tier hin – ja, man wusste, was der andere wollte, nicht!

Und wenn man nach dem Übungsreiten im Verein nach Hause kam, dann war das Pferd so ein bisschen erhitzt. Ein Pferd hat ja am ehesten immer Schwierigkeiten an den Fesseln über den Hufen, weil sie dann anschwellen, so wie wir auch mal dicke Füße bekommen – deshalb ritt man immer durch den Teich durch, damit das wieder abkühlte.

Wenn man dann den Sattel herunternahm und das Pferd in den Stall brachte, dann klopfte man ihn am Hals: „Hast du heute gut gemacht!" Dann wusste man schon, dass das Pferd einen auch gleich mit dem Kopf anstupsen würde; irgendwie hat es sich dann bedankt – das war immer ein schönes Erlebnis! Überhaupt hat man im Reit-sport viele schöne Stunden mit dem Kamerad Pferd erlebt – auf Turnieren ebenso wie im Gelände. Das Pferd reagiert ja auf Schenkeldruck, Gewichtsverlagerung und Zügelführung – und außerdem beherrscht es Befehle und Kommandos.

Rudolf Schwarting

Also die Beziehung zu den Pferden, die war immer etwas distanziert bei mir, ich habe die immer nur als Arbeitstiere gesehen, weil das eben so sein musste. Aber ich habe nie gedacht: „Oh, das sind liebe Tiere!" – also, daran habe ich nie gedacht!

Hermann Dieck

Für die Pferde ein Genuss – die Abkühlung im hauseigenen Teich auf Schwartings Hof.

DER GROSSE WECHSEL

DER ERSTE TRECKER

1938 hat mein Vater mit unseren Nachbarn einen 20-PS-Lanz-Bulldog mit angebautem Seitenmähwerk und dazu einen Zweischar-Anhängepflug gekauft – ich bin mit dem Lanz Bulldog aufgewachsen, ja!

Den Bulldog haben wir hauptsächlich zum Pflügen benutzt und vor den Mähbinder gespannt, nebenbei haben wir im Dorf die Milch gefahren zur Molkerei. Zu der Zeit wurden auf den Feldern hauptsächlich Hafer, Kartoffeln, Steckrüben und ein kleiner Teil Runkelrüben angebaut; Getreide und Kartoffeln standen unter staatlicher Kontrolle. Dann sind wir ja 1945 abgebrannt, und dann war der Bulldog erst mal zwei oder drei Jahre lang kaputt. Später hat den ein Mann vom Nachbardorf wieder repariert. Die Ersatzteile mussten wir gegen Butter und Speck eintauschen.

Nur zu der Zeit, da hatten wir keine Gummiräder auf dem Bulldog, es gab nur Eisenräder! Da haben wir hauptsächlich mit gepflügt, das war es dann auch schon bald. Wir mussten den ja immer noch mit einer Heizlampe anmachen – der Lanz hatte ja einen Glühkopf vorne, der musste rot sein, und dann sprang er erst an! *Heinrich Fricke*

Also 1942, mit dem ersten Schlepper, da waren wir der erste Betrieb im Dorf, der einen Schlepper hatte. Und ab 1950, nach dem Krieg, da kamen dann die meisten Betriebe hinterher, die dann auch einen Schlepper hatten. Dann gab es 1948 den Lanz Bulldog, der den Schornstein so nach oben hatte, der wurde viel eingesetzt – und auch die anderen Fabrikate, das ging los mit 15, 20, 22 PS, und die größten Schlepper zu der damaligen Zeit, die hatten 30 PS.

Als ich von 1952 bis 1954 zur Berufsschule gegangen bin, da war der Traum aller Berufsschüler der 30er Deutz. Das war der größte Schlepper, und der hatte einen so schönen satten Klang, also, da haben wir immer so ein bisschen neidisch hingeguckt – so einen möchte ich auch mal haben, nicht! *Rudolf Schwarting*

Unser Lanz Bulldog wäre später fast noch mal abgebrannt! Wir hatten den Lanz hier im Stall

Heinrich Fricke auf seinem legendären, aber nicht ganz unproblematischen Lanz Bulldog.

TRECKERSPRÜCHE

Über den Traktor als solchen

Kippt man Wasser in den Diesel,
hüpft der Traktor wie ein Wiesel.

Mein Traktor verliert kein Öl –
er markiert nur sein Revier!

Alter Trecker, junges Weib –
das ist der schönste Zeitvertreib!

Über Lanz Bulldog

Ist der Lanz schlapp und schwach,
dann gib ihm einen Tritt und er wird wach!

Hast du einen Lanz, der raucht,
mach ihm Feuer, dass er faucht!

Über Deutz-Fahr

Deutz, bitte fahr!

Warum ist der Fahr rot?
Man hat zu ihm gesagt, er sei ein Trecker!

Über Hanomag

Der Hahn, der kräht, der Hund läuft fort – ein Hanomag fährt durch den Ort!

Der Lanz Bulldog war weltweit beliebt
und für seine Robustheit bekannt.

Zwei Traktorlegenden, die heute nicht mehr hergestellt werden: der Mannheimer Lanz Bulldog und der aus Hannover stammende Hanomag.

stehen, es war Regenwetter draußen und wir dachten: „Ach, fahren wir ihn mal da rein." Am anderen Morgen wollten wir mit dem Bulldog los und machten die Heizlampe an. Doch die Heizlampe war gerade beim Klempner gewesen, weil sie auseinandergebrochen war. Der hatte sie gelötet, aber nicht darüber nachgedacht, dass die Lampe beim Startvorgang mit Druck aufgepumpt wird, dabei heiß wird und das Lötzinn sich löst – und das mit einem Liter Benzin drin! In dem Moment, wo das Zinn sich gelöst hatte, kam da auch tatsächlich das Benzin raus und flog bei uns im Stall umher, und oben rauf, durch die Bretter durch, und dann brannte schon der Haferhaufen!

Zum Glück – wie das manchmal so ist – war es zu der Zeit so nass, dass es eine große Fläche Wasser vor dem Stall gab; alles war voll Wasser, denn die Kanalisation war dicht. Sofort kamen viele Leute angerannt – wir haben so eine Eimerkette gemacht, und die Feuerwehr kam auch gleich und wir konnten das Feuer löschen! Ich habe auch schon fast gebrannt, mein Vater hat mich dann mit der Pferdedecke gelöscht. Aber das Feuer, das flog schon durch die Dachpfannen, ja! Das war auch so ein Erlebnis, was man so mit dem Bulldog mitgemacht hatte!

Heinrich Fricke

Er war der Traum vieler Landwirte – der in Köln gebaute Deutz F2L514: satte 30 PS, 20 Stundenkilometer schnell und mit sieben Vorwärts- und drei Rückwärtsgängen.

Im Zweiten Weltkrieg liefen schon zwei Trecker im Dorf, und wir haben ja immer nach diesen Maschinen geguckt, wir Jungs – mein Bruder noch viel mehr als ich! Dann haben wir unserem Vater natürlich in den Ohren gelegen und haben gesagt: „Also, wann wollen wir denn nun mal so

Ohne Werbung ging es auch schon in den 1950er Jahren nicht – hier eine Zeitungsanzeige für den Lanz Bulldog.

ein Ding kaufen?!“ – „Das geht nicht“, sagte mein Vater, „das können wir nicht! Mit dem Trecker kann man nicht alles machen, wir brauchen zusätzlich ein Gespann Pferde, und dazu ist unser Betrieb zu klein, geht also nicht!“

Dann gab es 1951 in Hamburg die erste DLG-Ausstellung, neben dem Flakbunker da, und da waren ein paar Trecker, die etwas anders aussahen als die Bulldogs hier im Dorf. Da begegnete uns dieser Porsche! Das war ja eine Neuheit, der wog genau eine Tonne, aus Aluminium gebaut, zwei Zylinder, 30 Kilometer schnell, da waren wir hin und weg. Klar, dass wir unseren Vater natürlich gelöchert haben! Er hat dann auch relativ schnell zugesagt und den gekauft.

Porsche hatte erst mal VW gebaut, insofern war jedem deutschen Jungen Ferdinand Porsche bekannt! Und dann hat er diesen Trecker gebaut – aus Leichtmetall mit Luftkühlung. Dieser Typ hatte noch eine Besonderheit, eine sogenannte Fliehkraftkupplung, und mit steigender Drehzahl hat er besser gezogen. Zwar war „unser“ Porsche noch nicht so schön, aber kurze Zeit später, da hat er auch einen richtig schönen Trecker gebaut – der war außerdem in Rot, die anderen waren grün oder gelb oder schwarz – na ja, und das hat alles eine Rolle gespielt! *Hermann Dieck*

Mit dem AP 17, dem Allgaier „System Porsche“, begann 1950 der Ausflug der Firma Porsche in die Schlepperproduktion. Nach wechselnder Zusammenarbeit mit verschiedenen anderen Herstellern wurde dieser Betriebszweig jedoch im Juli 1963 eingestellt.

Trecker fahren, das war natürlich etwas Herrliches, wenn man vorher lange Jahre hinter den Pferden gelaufen ist. Und dann war plötzlich der Schlepper da! Aber wer Trecker fahren durfte, das war klar geregelt: Erst kam Vater, dann kamen die älteren Brüder – und die Jüngsten, so wie ich, die mussten erst mal eine Zeit lang laufen, nicht!

Der AP 17 faszinierte die Landwirte: Er war im Vergleich zu anderen Traktoren sehr leicht und hatte schon damals Luftkühlung sowie eine ölhydraulische Kupplung.

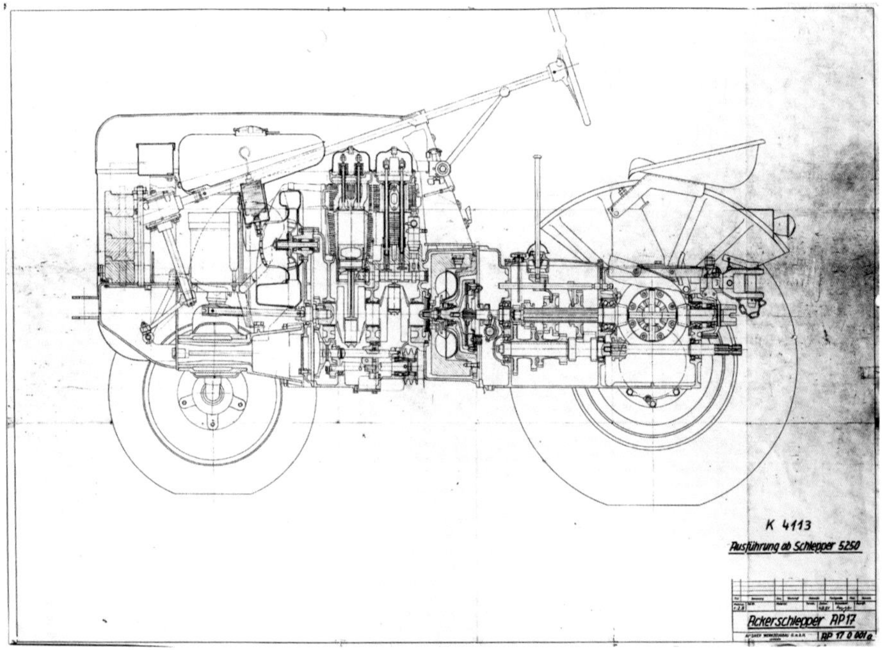

Doch den ersten Schlepper, den habe ich auch schon so mit acht, zehn Jahren gefahren hier auf dem Hof, der lief ja auch nicht so schnell, acht Kilometer die Stunde nur, und mit dem Schlepper habe ich dann auch schon mal Grünlandpflege gemacht, da war man dann auch ganz stolz! Das war im Frühjahr, wenn man die Kuhfladen verteilen musste. Da wurde der Schlepper vorgespannt und dann hat man die Weiden abgeschleppt – das waren so Arbeiten, wo man als Kind schon anfing mit dem Schlepper. *Rudolf Schwarting*

Stolz waren wir da nicht drauf, aber man war froh, dass man eine Erleichterung hatte!
Heinrich Fricke

Man saß oben, schaute auf die unten laufenden Menschen herab und fühlte sich wie ein König! Und dann hatten wir auch noch einen Trecker, der zehn Kilometer schneller war als die anderen Trecker im Dorf, die waren also etwas gemächlicher. Da sind wir dann mit Bravour an denen vorbeigerauscht, haben freundlich gegrüßt, und – ja, waren einfach stolz! *Hermann Dieck*

Der junge Landwirt auf seinem AP 17, hier mit Gitterrädern, die nicht serienmäßig waren.

Der Fahr D22PH wurde Anfang der 1950er Jahre gebaut. Wie alle Schlepper seiner Zeit hatte auch er keinen Umsturzschutz, bestach aber durch seine hohe Bodenfreiheit.

Obwohl ich meine, zu der Zeit war es auch noch nicht so schön: Es gab kein Verdeck auf dem Trecker, man saß da so drauf, immer dem Wetter ausgesetzt, man hat sich richtig dick angezogen, und trotzdem ist man steif gefroren! *Heinrich Fricke*

Es war natürlich viel, viel bequemer, man war schneller, man hat viel mehr geschafft – insofern war das echt ein Fortschritt für uns! Und man wollte ja auch mit dieser Technik fertig werden, die wir uns da angelacht hatten, und die allgemein auch Trend war! Man wollte zeigen, dass man das kann! Wir hatten ja schon mal bei den Nachbarn auf dem Trecker gesessen, später kletterte man auf den eigenen, und dann konnte man das!
Hermann Dieck

Leider sind manche auch umgekippt – man hatte ja noch nicht das Wissen! Ich weiß noch, bei unseren Nachbarn, da war einer, der ist auch mit dem Trecker umgekippt und lag unter der Maschine – ist aber heil wieder herausgekommen. Nachher kriegten sie ja alle Umsturzbügel – man sieht ja oft diese alten Trecker noch mit so einem Bügel.Heute sind sie ja auch alle im Verdeck und haben alle diese Sicherung – aber zum Anfang, da sind ja viele, viele Leute zu Tode gekommen zuerst! *Heinrich Fricke*

Also – das Problem haben andere Menschen uns eingeredet! Es kamen dann unsere klugen Leute aus der Landwirtschaft – aus dem Bauernverband und dem Landvolk –, die hatten ja Angst, dass die Welt nun untergeht und dass die Technik uns auffrisst! Und wir haben gedacht: „Redet ihr man – wir werden das schon hinkriegen!" Für uns war das etwas Neues, Positives – und wir haben das ja auch hingekriegt! *Hermann Dieck*

Der Arbeitsalltag hat sich auch ein bisschen verändert. Man hat mal eine Fläche Grünland umgebrochen, hat davon Ackerland gemacht – und das waren alles Sachen, die konnte man mit den Pferden nicht so gut bewältigen: Man musste mit einer Scheibenegge darüberfahren, was nur mit dem Schlepper ging, um die Narbe zu zerkleinern, und wenn man so eine Arbeit anfing, dann konnte man morgens früh anfangen, bis mittags, nachmittags und so lange man wollte und es hell war, oder man schaltete Licht an. Wenn man aber die Pferde vor einem Gerät hatte – die mussten mittags rein, die mussten ihre eineinhalb Stunden Ruhe haben, damit sie sich etwas erholen konnten, und dann wieder weiter bis abends hin, und dann war abends aber auch um sechs, halb sieben wieder pünktlich Schluss!
Rudolf Schwarting

Trecker fahren auch nachts mit Licht – das haben wir natürlich auch mal gemacht, weil uns das Spaß gemacht hat und weil wir ein bisschen angeben wollten, nicht! Und wenn man gesehen hat, die anderen haben auch mal gepflügt nachts oder abends – dann ist man halt auch noch mal losgefahren!

Ich habe heute allerdings manchmal noch Albträume, wenn ich an eine Fahrt mit unserem Porsche denke. In der Nachbarregion gab es einen Landhändler, der mit Düngemitteln handelte, und dort habe ich mit dem Nachbarn mal zwei Anhänger voll Kunstdünger geholt – aber da ging es dann ziemlich steil den Berg herunter. Und als junger Mensch ist man ja manchmal verrückt – damit das ein bisschen schneller ging, habe ich den Gang rausgenommen, aber dann kamen wir ins Schleudern! Wenn ich daran denke, wie wir das dann wieder in Griff gekriegt haben – der Hänger hatte ja auch nur so eine Handbremse! Aber wir sind dann doch noch heil den Berg heruntergekommen!

Hermann Dieck

Körperliche Entlastung hat man durch den Trecker ganz und gar bekommen, das ja! Aber mehr Freizeit – nein, weil man ja am Trecker das Licht angemacht hat. Da ging kein Weg drum herum, da hat man immer noch länger gearbeitet! Insofern hat man überhaupt nicht mehr Freizeit bekommen durch den Trecker. Die Flächen wurden ja immer mehr, und die Erträge wurden größer, die Ansprüche stiegen – da kam eins zum anderen. Und mehr freie Zeit, nein, im Gegenteil, ich würde sagen: Mit den Pferden, da war abends Schluss, mit dem Trecker hast du abends Licht angemacht – und dann ging es weiter! Und die Arbeitskräfte wurden zur gleichen Zeit auch immer weniger, man musste ja schon immer mehr schaffen. Darum: Freizeit oder Urlaub – das war ein Fremdwort für uns, ganz und gar zu der Zeit!

Heinrich Fricke

Die Arbeit war deutlich leichter, man war abends auch nicht so kaputt, als wenn man da den ganzen Tag auf dem losen Acker herumlief oder mit einer Düngermolle vorm Bauch – denn das war schon manchmal eine echte Herausforderung! Aber man kannte es nicht anders, weil die anderen es auch alle machen mussten. Doch sobald man gesehen hat, es geht anders, und dass andere das nicht mehr müssen – dann will man das auch nicht mehr!

Hermann Dieck

Der einzelne Betrieb konnte jedenfalls mehr Arbeit verrichten durch den Schlepper. Und ab den 1950er Jahren ging das ja auch los, dass die Be-

Beim Vereinzeln der Zuckerrüben mussten auch die Frauen mit ran. Am Steuer des Schleppers (hier ein Hanomag R27) saß aber natürlich der Landwirt selbst.

ALS DIE TRECKER LAUFEN LERNTEN

Als „erster echter Trecker der Welt“ gilt der in den USA 1917 entwickelte „Fordson“. Mit seinem 20 PS starken Vierzylinder-Ottomotor (Vergasermotor) und seinem Dreiganggetriebe mit Rückwärtsgang diente der Fordson als Prototyp schlechthin. So dauerte es auch in Deutschland nicht lange, bis der erste Trecker erschien: 1921 war der legendäre Lanz Bulldog geboren – und er lässt bis heute viele Herzen höher schlagen. Der „Bulldog“ ist derart beliebt und bekannt, dass sein Name in manchen Regionen sogar als Synonym für alle Traktoren verwendet wird.

Mit seinem Glühkopfmotor ermöglichte der Bulldog vor allem auch die Verwendung von preiswertem Rohöl; andere Hersteller experimentierten mit Petroleum oder Benzin als Antriebstechnologie. Schließlich setzte sich nach Kriegsende der Viertakt-Dieselmotor durch, der bis heute Standard ist. Auch die Bereifung der Schlepper wurde optimiert, statt umständlicher Eisen- und Elastikreifen kamen ab den 1930er Jahren Luftreifen zum Einsatz – und die erleichterten nicht nur die Arbeit auf dem Feld, sondern machten es auch möglich, mit dem Schlepper auf der Straße zu fahren.

Nach dem Zweiten Weltkrieg und der Währungsreform 1948 nahm die deutsche Treckerproduktion richtig Fahrt auf – auch deshalb, weil der frischgebackenen Bundesrepublik durch die Teilung in Ost und West landwirtschaftliche Anbauflächen fehlten. Nun mussten Maschinen her, die größer, stärker und effizienter waren. So entstanden auch in Deutschland immer mehr Schlepperfabriken mit immer neuen Marken und Modellen, was in den 1950er Jahren schließlich einen wahren Trecker-Boom auslöste, der bis in die 1960er Jahre reichte! Es gab mehr als 25 verschiedene Traktorenhersteller, von denen allerdings die meisten heute nicht mehr existieren: Entweder wurde die Herstellung eingestellt, die Firmen fusionierten oder wurden verkauft.

Heute sieht man auf den Ackerflächen fast nur noch hochgerüstete „Hightech-Monster“, die mit dem Trecker von damals nicht mehr viel zu tun haben: Aus den 20 oder 30 PS sind 100, 200, ja bis zu 500 PS geworden! Und mittlerweile forschen die Hersteller sogar an Traktoren, die ohne Landwirt am Steuer die Feldarbeit verrichten – was für eine utopische Vorstellung aus der Sicht der 1950er Jahre!

Nach dem Zweiten Weltkrieg beliebt: die Landwirtschaftsausstellungen mit Neuheiten der in- und ausländischen Landtechnikproduzenten.

Auch nach der Einführung des Schleppers kamen Pferde zum Einsatz – wie hier vor einem Düngerstreuer.

triebe größer wurden und die Veredelung vorangetrieben wurde: Die Betriebe hatten mehr Kühe, die Schweine wurden mehr, Geflügel wurde mehr – also dass man durch den Schlepper mehr Freizeit hatte, das war gar nicht so, weil der Betrieb ständig am Wachsen war! *Rudolf Schwarting*

MIT TRECKER UND TIER

Der Trecker kam auf den Hof, und drei Tage später gingen die Pferde vom Hof! Den Pferden haben wir auch keine Träne nachgeweint, weil – den Pferden lief man ja auch hinterher, auf dem losen Acker, und auf dem Trecker saß man. Der Trecker kostete damals – das weiß ich noch wie heute – 7 500 Mark, die Fläche für Pferdefutter war frei, und das war ja erheblich: Hafer, Getreide, dann Grünland, Heu und so weiter – das konnten wir alles für die Produktion von Milch einsetzen, mit dem Getreide konnten wir Schweine füttern – oder es verkaufen!

Deshalb hat mein Vater die Pferde und einen kleinen Arbeitswagen verkauft – und 20 Zentner Steckrüben dazu! Dafür hat er 1000 Mark bekommen. Und dann waren die Pferde weg – und wir waren gezwungen, alles ohne Pferde nur mit dem Trecker zu machen! Ich habe dann doch gedacht: „Oha, was habt ihr jetzt gemacht!“ – so ganz ohne ging das nicht! *Hermann Dieck*

Trotz Trecker brauchte man unbedingt weiterhin die Pferde! Als wir den Schlepper bekamen, genügte allerdings ein Gespann, weil wir die Pferde zum Ackern ja nicht mehr so einsetzten, wie das vordem war, als wir mit zwei Gespannen pflügen mussten. Wir konnten jetzt ja mit dem Schlepper pflügen, und die Pferde nur noch für die Pflegearbeiten und die Saatarbeiten benutzen. Die Geräte, die waren zwar schon da, aber die konnte man eben nur über das Pferd einsetzen – die waren hinter dem Schlepper noch nicht zu benutzen! Zum Beispiel der Gabelwender und die Harkmaschine – das waren alles Geräte, wo die Pferde vorkamen.

Und dann war das auch so – die Grünländereien, die waren auch nicht so trocken wie das heute ist, und da gab es viele Ecken, wo man nur mit den Pferden hinkonnte und nicht mit dem Schlepper. Wenn man da mit dem Schlepper arbeitete, dann fuhr man da tiefe Spuren rein. Oder man versackte regelrecht, dass man sich festfuhr, nicht! Insofern brauchte man unbedingt die Pferde!

Rudolf Schwarting

Es gab ein Flüchtlingspaar aus Westpreußen – also, der Mann schaute mal zu, wie wir da am Üben waren mit unserem Trecker, und sagte kein Wort. Aber er hat zehn Minuten zugeguckt. Er hatte sein Pferdegespann auch noch behalten, und dann sagte er zu mir auf einmal: „Ihr werdet euch noch betreckern – hü!", und dann war er weg. Ja, da hat man schon überlegt, ist das auch so gut! *Hermann Dieck*

Wir haben 1940 den 11-PS-Schlepper bekommen, Höchstgeschwindigkeit acht Kilometer. Der hatte den Vorteil, dass man da einen Zweischarpflug hinterhängen konnte, während die Pferde nur ein Schar ziehen konnten. Außerdem mussten die Pferde mittags ausgetauscht werden oder zwei Stunden Ruhe haben, der Schlepper konnte aber durchlaufen.

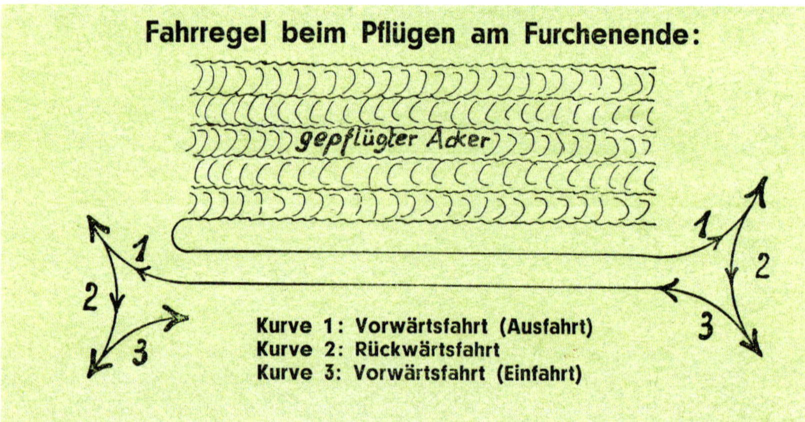

Für den Trecker gab es neue Fahrregeln beim Pflügen, denn im Gegensatz zum Pferd wurden Dreh- statt Beetpflüge genutzt – außerdem hatte der Schlepper auch einen Rückwärtsgang.

Aber mit dem 11-PS-Schlepper war es so – da waren die Reifen so 80, 90 Zentimeter hoch und hatten kein vernünftiges Profil. Das war ein Problem bei Flächen, die so ein bisschen Steigung hatten. Dann fing der Trecker an zu kratzen. Und deshalb kamen vor diesen Trecker zwei Pferde, die brauchten nicht viel zu ziehen, die brauchten nur stramm zu halten, damit der Trecker nicht anfing zu rutschen. Den Mähbinder für Pferde, den haben wir 1935 bekommen; und 1940, das war ein Binder mit fünf Fuß – ein Fuß sind 30 Zentimeter, also 1,50 Meter – und später bekamen wir den großen Binder mit 2,10 Meter. Das waren sieben Fuß. Und da kam der 11-PS-Schlepper dran, mit den beiden Pferden davor. *Rudolf Schwarting*

Mit dem Lanz Bulldog war auch das Pflügen gar nicht so leicht! Wenn man da eine Zeit lang mit gepflügt hatte, dann musste man die Kupplung nachstellen, so war das bei unserem jedenfalls oft! Oder man hat auch mal eine Handvoll Sand ge-

Es dauerte einige Zeit, bis die Landtechnikhersteller mit neuen Anbaugeräten auf den Trecker-Boom reagierten. Bis dahin wurden die vorhandenen Gerätschaften, die zuvor mit den Pferden benutzt worden waren, einfach hinter den Schlepper gehängt – wenn es ging.

Pflügen mit Pferden: Was früher als mühsam galt,
kann heutzutage wieder viele Menschen begeistern.

nommen und in die Kupplung hineingeschmissen, damit die nicht gleich immer so rutschte. Eigentlich war das ja ganz einfach bei dem Lanz – das waren drei verschiedene Schrauben, mit denen die Kupplung festgestellt werden musste. Aber es passierte immer wieder, dass man plötzlich auf dem Feld festsaß und nicht weiterkam. weil die Kupplung gerutscht hat, da musste man eben schnell mit zwei 24er-Schlüsseln festschrauben, erst bisschen losmachen und dann festschrauben. Anschließend musste man den Bulldog wieder neu anmachen. Ja, und das hat man sich dann gemerkt: „Aha, die Kupplung hast du eben gehabt, nun kommt die nächste dran!“ Aber viele hatten da Probleme mit, dass beim Lanz die Kupplung rutschte!

Wenn man beim Pflügen den Außenschlag gemacht hat, also nach außen gepflügt hat, dann kam man ja zuletzt auf eine Furche zusammen, und der Lanz Bulldog hatte höchstens 20 Zentimeter Bodenfreiheit. Aber auch die Furchen waren 20 Zentimeter tief und auch etwas tiefer – da hat man sich auf dem festen Land mit dem Lanz Bulldog einfach so festgefahren, wenn man nicht aufgepasst hat. Also hat man das nachgelassen, und dann hat man das lieber mit den Pferden gemacht, weil das viel schneller ging und auch viel besser!

Heinrich Fricke

Bei den Versammlungen in der Landjugend, als ich Vorträge über den Trecker hielt, da haben wir uns auch immer sehr gestritten – alle anderen sagten: „Das geht doch nicht!“ Aber es musste gehen – wir hatten uns das vorgenommen, und ein Zurück gab es für uns nicht! Also nach vorn schauen und immer wieder basteln, wenn das nicht ging!

Hermann Dieck

Überhaupt durfte man mit dem Bulldog nicht auf gepflügtes Land fahren – oh, das ging überhaupt nicht! Da kann ja nichts mehr wachsen, wenn man das so festfährt. Nee, das musste alles locker bleiben! Auch wenn man den Dünger aufs Korn gestreut hat, und die Stücke waren ein bisschen länger, dann musste man die Düngersäcke zur Ackermitte hinschleppen – bloß nicht mit dem Wagen aufs Korn fahren, das ging gar nicht!

Mit den Pferden wurde zum Beispiel auch noch das Korn gedrillt, also Getreide gesät. Das durfte auf dem losen Land auf keinen Fall mit dem Bulldog geschehen – nein, nein, da musste man mit den Pferden drillen. In dieser Hinsicht waren sie früher ganz vorsichtig! Deshalb haben wir die Arbeitspferde noch bis 1966 gehabt. Wir haben mit ihnen noch eine Zeit lang Steckrüben und Zuckerrüben geigelt, Kartoffeln angepflügt und

Getreide gedrillt – das hat man zuerst noch nicht mit dem Trecker gemacht, wir hatten ja noch keine Anbaudrillmaschine! *Heinrich Fricke*

Also, mit dem Schlepper auf den gepflügten Acker fahren, das ging überhaupt nicht! Weil dann Spuren darin waren, die kriegte man nicht wieder weg, in diesen Spuren konnte dann das Wasser zusammenlaufen, und das Getreide soff ab – also, auf der Pflugfurche wurde nur mit Pferden gearbeitet! Und wenn man gepflügt hatte, dann hatte man schwere Eggen, da kamen zwei Pferde vor, und so ein Acker, der gepflügt war, der musste dann auch einmal ganz übergeeggt werden. Und wenn das im Frühjahr war zum Anbau der Rüben – Zuckerrüben und Runkelrüben, die mussten ein abgelagertes Saatbett haben –, dann musste diese Fläche auch noch gewalzt und hinterher wieder aufgeeggt werden, das war etwas mehr Arbeit.

Wenn der Acker dann saatfertig war zum Getreidedrillen, dann fuhr man mit der Drillmaschine darüber, da kamen zwei Pferde vor, mit Handsteuerung. Und eine Person, die lief dann immer quer hin und her und passte auf, wenn da irgendwo Bewuchs auf dem Acker war, der sich um diese Säschare festgelegt hat, dann drückte man darauf, damit der von den Säscharen abkam. Wenn sich nämlich der Bewuchs um die Säschare wickelte, fiel die Erde hinter ihnen nicht wieder zusammen. Dann lag das Getreide ungeschützt da, und die Krähen und Tauben kamen und fraßen alles auf. Deshalb ging man trotzdem hinterher noch wieder mit einem Pferd und mit Saateggen darüber und eggte das Getreide ein.

Rudolf Schwarting

Wenn der Trecker lief, war es ja in Ordnung – und wenn er nicht mehr wollte, dann wurde er halt repariert! Wir hatten ihm im ersten Jahr ja gleich den Motor kaputt gemacht durch unsere Dusseligkeit, weil wir den immer kalt werden ließen und dann wieder schnell loswollten – das konnte er nicht ab. Mein Bruder hatte aber Autoschlosser gelernt, und der konnte ihn reparieren. Dann wurde der Trecker auseinandermontiert, ein paar neue Zylinder gekauft, und dann lief er wieder! Und Kraftstoff, der war billig – das hat ja nichts gekostet!

Hermann Dieck

Ob das nun Schleppen war oder Walzen im Frühjahr bei der Grünlandpflege – das hätte man auch mit dem Schlepper machen können, aber wir hatten ja diese speziellen Moorflächen, die nicht drä-

Der Lanz Bulldog D9506 wurde von 1934 bis 1955 gebaut. Er hatte 45 PS und war auch unter dem Namen Ackerluft bekannt. Mehr als 3 800 dieser Fahrzeuge verließen das Mannheimer Werk. In Polen wurde er als Ursus C-45 ohne Lizenz nachgebaut.

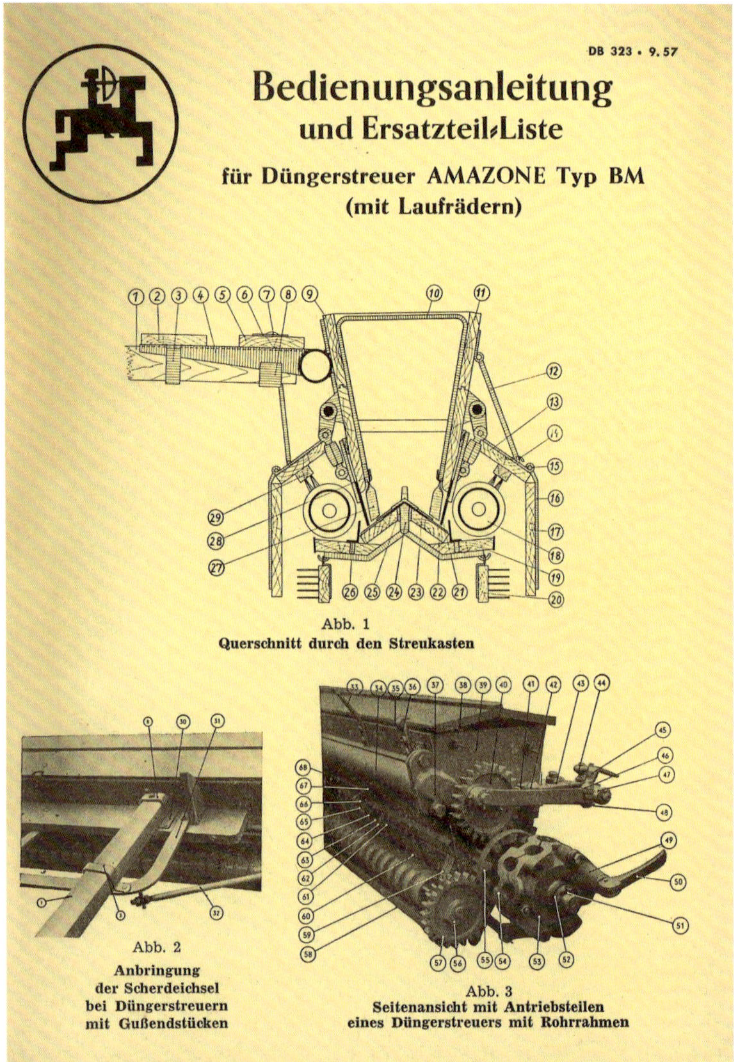

niert und deshalb feucht waren, und da konnte man mit dem Schlepper vielleicht gerade mal mähen, aber das eben auch nicht immer. Deshalb kamen da die Pferde mit der Mähmaschine zum Einsatz. Dann ging das Wenden los, da kam ein Pferd vor mit einem Gabelwender auf so einer Nockenwelle, da musste man immer auf die Windrichtung achten, sonst fuhr sich der ganze Kram fest – und das ging nur mit dem Pferd, weil das zu feucht war. Mit der Harkmaschine war es das Gleiche: Das Pferd, das drückte zwar das Schnittgut ein bisschen in den Boden hinein, aber nicht so viel, als wenn der Trecker mit dem Reifen darüberfuhr – das Gras kriegte man gar nicht wieder heraus. Also war da ein Pferd unbedingt notwendig.

Dann kam der erste Mähbalken – der wurde seitlich am Trecker angebaut und mechanisch angetrieben. Da wurde das Pferd schon etwas mehr zurückgedrängt – und der Trecker, der machte da Fortschritte. Später brauchte man das Pferd deshalb höchstens noch für die Unkrautbekämpfung auf dem Acker.

Der Düngerstreuer war ein unentbehrliches Arbeitsgerät der Landwirte – und dank einer ausführlichen Betriebsanleitung konnte man einiges auch selber reparieren.

Es ist so, dass einige Betriebe sich schon eher von den Pferden trennten als wir. Wir hätten das wahrscheinlich Mitte oder Ende 1950 auch können. Aber Pferde hatten wir immer auf unserem Hof, auch wegen der Reiterei, und deshalb haben wir die zwei letzten Pferde so bis 1964, 1965 behalten. Ja, wenn man mit den Pferden so lange zusammen gearbeitet und gelebt hat, dann ist das schon ein bisschen schwer, wenn so ein Pferd dann weggeht, nicht! Aber andersherum – man kannte es ja, ein Pferd wird auch mal alt – ja, und dann muss es gehen.

Rudolf Schwarting

Auch wenn die Maschine schon viel leisten konnte – vor der Kartoffelpflanzung mussten die Steine noch per Hand gesammelt werden. Heutzutage übernimmt auch das die Technik.

Bei den Liebhabern der traditionellen Feldbearbeitung findet man heute noch die alten Gerätschaften, wie zum Beispiel Drillmaschinen.

DER TRECKER IM DORF

Der Trecker war ein Statussymbol. Und deshalb auch dieser Wettbewerb im Dorf – einen Besseren oder einen Größeren zu haben, ja, so war das schon! *Hermann Dieck*

Als wir den ersten Schlepper hatten, das war ja sehr früh, da wurde schon mal hingesehen: „Oh, die haben ja einen Schlepper!" – aber es wurde einfach akzeptiert. *Rudolf Schwarting*

Ich denke, die Klagen über die Veränderung im Dorf waren mehr so eine Art Neidfaktor! *Hermann Dieck*

Es dauerte ja auch nicht lange, da kamen die Betriebe hinterher und bekamen alle einen Schlepper, entsprechend der Betriebsgröße. *Rudolf Schwarting*

Da ging das hauptsächlich immer wieder um die Größe: „Oh, die haben sich einen großen Trecker gekauft!" Die Maschinen wurden ja auch immer größer, da kam eins zum anderen, nicht! Aber Neid, das will ich gar nicht sagen: Da wurde man schon durch die Technik zu getrieben! *Heinrich Fricke*

Wenn der Eine einen 25-PS-Trecker hatte, dann musste der Nächste einen 30-PS-Trecker kaufen, damit er ein bisschen angeben konnte! *Hermann Dieck*

Wenn einer einen 30-PS-Schlepper hatte, dann war der Betrieb auch entsprechend groß! *Rudolf Schwarting*

Ich erinnere mich, ein Betrieb hier, ein Nachbar, der genauso groß war wie wir – und wir hatten einen 17-PS-Porsche – der kaufte sich einen 22-PS-Güldner. Und dann haben wir ihn mal gefragt: „Sag mal, warum hast du denn so einen Großen gekauft?" – „Na ja", sagte er, „ein paar PS in Reserve sind besser, nicht!" Ja, so ging das! *Hermann Dieck*

Zum Beispiel, wir hatten damals 52 Hektar, und es gab noch einen Betrieb mit 52 Hektar – ja, diese Betriebe, die hatten einen 25- bis 30-PS-Schlepper. Und die 15 oder 20 Hektar hatten, die hatten dann einen Schlepper mit 15 bis 20 PS. Überhaupt wurde früher so lange gewartet, bis man das Geld zusammenhatte – und dann wurde die Maschine oder der Schlepper gekauft.

Der Eicher ED 16 II (Baujahr 1951) hatte zwischen 16 und 19 PS. Mehr als 3 800 Schlepper dieses Typs verließen das oberbayerische Traktorenwerk.

RAIFFEISEN – „EINER FÜR ALLE, ALLE FÜR EINEN"

Es war Mitte des 19. Jahrhunderts, als der Sozialreformer Friedrich Wilhelm Raiffeisen (1818–1888) auf die Idee kam, man müsse kleinen Leuten und weniger betuchten Landwirten unter die Arme greifen.

So entstanden zum einen landwirtschaftliche Warengenossenschaften: Sie sollten den Bauern den Erwerb preiswerter Produktionsgüter wie Saatgut und Düngemittel ermöglichen. Diese sogenannten „grünen" Kredite konnten mit der späteren Ernte bezahlt werden – und gleichzeitig wurde eine gemeinsame Erntevermarktung mit anderen Betrieben etabliert. Allerdings waren zur Gründung einer dörflichen Genossenschaft anfangs mindestens sieben Bauern notwendig. Zudem sah das frühere Reglement zunächst die uneingeschränkte Haftung der Mitglieder mit ihrem Privatvermögen vor. Das war für so manchen Landwirt ein hohes Risiko, das sich allerdings minimierte, als später ein gemeinsames Genossenschaftsvermögen als Garantie angespart wurde.

Zum anderen gehen auch die ersten Genossenschaftsbanken auf die Grundsätze von Friedrich Wilhelm Raiffeisen – sowie Franz Hermann Schulze-Delitzsch – zurück: Beide Männer waren davon überzeugt, dass Selbsthilfe und Selbstverwaltung eine gute Lösung seien – und gründeten, ganz unabhängig voneinander, erste Darlehnsvereine. Sie sind bis heute als Volksbanken, Raiffeisenbanken oder VR-Banken (Volks- und Raiffeisenbanken) bekannt – und teilweise sogar noch warenwirtschaftlich tätig.

Man ging nicht zur Bank hin und holte sich etwas – obwohl das natürlich möglich war: Die Raiffeisenbanken, damals waren das ja die Spar- und Darlehnskassen, die wurden hier in dieser Gegend zwischen 1896 und 1900 eingerichtet.

Rudolf Schwarting

Das war schon eine Belastung – das Geld war ja auch immer knapp, nicht, da wollen wir gar nicht drum herumreden: Das Geld war immer ganz knapp! Nicht knapp – das war immer ganz knapp!

Heinrich Fricke

Das hat sich ja nachher manchmal so ausgewirkt, dass die Leute nicht mehr nach dem Geld geguckt haben, sondern die tollsten Maschinen gekauft haben – und irgendwann war der Ofen aus, nicht! Und das mussten wir auch lernen, dass das nicht geht! Aber das ist häufig passiert. Ich bin ja lange Jahre auch im Aufsichtsrat unserer Volksbank gewesen – das war damals die Spar- und Handelsbank. Und die am stärksten geprahlt hatten – das merkte ich dann, weil man ja auch in die Kredite hineinschauen konnte und auch bewilligen musste –, die hatten die meisten Schulden: die am meisten geprahlt hatten!

Hermann Dieck

Die Raiffeisen-Genossenschaften galten vielen Landwirten als wichtige Handelspartner, gleichzeitig waren sie aber auch als Kreditgeber sehr gefragt.

Da die Landbevölkerung im 19. Jahrhundert keinen Zugang zu den städtischen Privatbanken hatte, entwickelte Friedrich Wilhelm Raiffeisen unter dem Motto „Einer für alle – alle für einen“ das Konzept der ländlichen Spar- und Darlehnskassen.

Nicht nur Waren- und Geldverkehr boten die Raiffeisen-Genossenschaften an: Im Laufe der Zeit entwickelten sie sich zu einem Dienstleister rund um alle landwirtschaftlichen Belange.

Die Einführung der Schlepper hat die Dorfgemeinschaft übrigens ein bisschen bereichert insofern, weil eine Gegenseitigkeit da war – man hat sich gegenseitig unterstützt und man hat sich gegenseitig geholfen. Früher bei den Pferden war das nicht so! Und zwar deshalb nicht, weil es die Arbeiten, die zur Zeit des Schleppers anfielen, bei den Pferden noch gar nicht gab: Es gab noch keine Silagegewinnung und so weiter – das gab es erst, als die Schlepper vermehrt auf die Betriebe kamen. Also brauchte man sich damals gegenseitig gar nicht so zu helfen.

Aber mit dem Trecker war das so, zum Beispiel im Herbst, wenn wir am Silieren waren: Da wurde das Zuckerrübenblatt oder das Runkelrübenblatt ja von Hand abgeschippt und aufgeladen und musste dann zum Hof gefahren werden. Da kam es auf einen großen Haufen, und der Haufen musste ja auch gewalzt werden. Dann half man sich in der Nachbarschaft, indem man da mit dem Anhänger und dem Schlepper komplett darüberfuhr. Und so unterstützte man sich für ein, zwei Tage, bis das Silo fertig war. Im Gegenzug kam der Nachbar dann wieder herüber und half eben auch mit. *Rudolf Schwarting*

Ein seltenes Bild in den ersten Traktor-Jahren – reine Frauenpower auf dem Schlag!

Man hat schon festgestellt, dass sich durch den Trecker ganz viel verändert hat! Zum Beispiel – man hatte einen Trecker, man konnte mehr schaffen, und man wollte auch gern etwas pachten. Und die ersten Bauern, die haben ja schon ganz früh in den 1950er Jahren ihre Höfe verpachtet, und dann ging da der Neid auch los, nicht! Da hat man halt versucht, ein Stück abzubekommen – und der Geschäftspartner hat das dann ganz klar ausgenutzt mit der Pachthöhe, die er etwas weiter nach oben geschraubt hat. Das kann man ja auch wieder verstehen – aber das ist später ganz schlimm geworden. Also, diese Idylle, die man immer in das Dorf hineinreden wollte, die hat es im Grunde überhaupt nicht gegeben! *Hermann Dieck*

FRAUEN AUF DEM TRECKER UND DEM HOF

In der Regel saßen wir Männer auf dem Trecker, aber mit der Zeit wurden Hackmaschinen entwickelt, mit denen man die Reihen hackte. Da saß

Die Getreideernte war für die ganze Familie die anstrengendste Zeit im Jahr.

dann der Mann auf der Hackmaschine und hat die gesteuert, während die Frau den Trecker durch die Reihen gelenkt hat, da ist dann also auch die Frau Trecker gefahren! Es gab einzelne Amazonen, die alles gemacht haben, aber die haben wir nicht so mitgezählt. Da wurde dann auch schon mal gelästert, dass eine Frau, die dieses Geschüttel jeden Tag auf dem Trecker ertragen musste, ja gar keine Kinder mehr kriegen kann – das war dann so Gespräch im Dorf, nicht! *Hermann Dieck*

Damals war das so mit dem Schlepperfahren bei den Frauen – es war gar nicht notwendig! Es sei denn in der Ernte, wenn die Garben hereinzuholen waren. Zu der damaligen Zeit gab es ja noch keine Mähdrescher, und die Garben mussten per Forke auf den Wagen aufgeladen und dieser Wagen dann weitergefahren werden. Einmal ging das mit Pferden – und später kam dann der Schlepper davor. Da hat dann ganz oft auch mal ein junges Mädchen oder eine Frau draufgesessen, die den Schlepper gefahren hat. *Rudolf Schwarting*

Also, in der ersten Nachkriegszeit haben Frauen da eigentlich noch nicht mitgearbeitet – aber so ab den 1960er Jahren, da gab es das schon, dass da mal eine Frau auf einem Trecker saß! Zu der

Die späteren Anbaugeräte, wie hier eine Rübenziehmaschine von Kemper (1967), brachten auch die Rollenverteilung durcheinander: Jetzt durfte die Bäuerin ans Steuer, während der Mann die moderne Erntetechnik betreute.

Zeit sind viele aus der Landwirtschaft abgewandert, da wurden die Arbeitskräfte knapper, und da musste die Frau auch mal mit einspringen auf dem Trecker, ja! Zum Beispiel beim Wenden oder Zusammenharken des Heus, später auch beim Pressen, das kam ja nachher dazu – und dann ging das so los. Frauen fuhren eher nicht auf der Straße, die fuhren hauptsächlich nur auf dem Feld und auf den Wiesen beim Heu, immer so in den Arbeitsspitzen – sonst ist keine Frau auf dem Trecker gefahren! *Heinrich Fricke*

Unsere Landvolkverbände – der Bauernverband heißt ja in Niedersachsen Landvolk – die waren ja immer am Predigen, die Landfrau muss entlastet werden. In jeder Versammlung haben wir das gehört. Und das ist ja auch ein Stück weit geschehen. Die Frauen gingen zwar noch mit aufs Feld, aber das hat sich schon ein bisschen geändert – nicht sofort, aber im Laufe der Jahre.

Meine Frau ist immer mit aufs Feld gegangen, auch als die Kinder klein waren: Da wurde der Kinderwagen halt mitgenommen und irgendwo hingestellt, wo er noch im Blick war. Und dann haben wir Kartoffeln aufgesammelt oder wir haben Getreide aufgestellt! Meine Frau, die mochte nicht so gern bei Sonne arbeiten – die hat sich immer gefreut, wenn es geregnet hat, wenn es nass war, die Garben richtig schön nass! *Hermann Dieck*

Die Frauen hatten ja auch genügend im Haushalt zu tun, es war auch ein großer Garten da, man war letztendlich auf einem landwirtschaftlichen

1947 – Gründungsversammlung der „Arbeitsgemeinschaft der Landfrauenverbände". Daraus entstand der heutige „Deutsche LandFrauenverband".

Bei der Kartoffelernte war die Frau selbstverständlich mit dabei – schließlich musste die Familie das gute Wetter ausnutzen (1965).

LANDFRAUEN IM VERBAND

Bereits Ende des 19. Jahrhunderts gab es landwirtschaftliche Hausfrauenvereine mit dem Ziel der Selbstorganisation und hauswirtschaftlich-kulturellen Weiterbildung. Ihre Begründerin war die ostelbische Gutsfrau Elisabet Boehm (1859–1943): Sie erkannte, dass es für Frauen auf dem Land nur wenig Anerkennung und kaum Einflussmöglichkeiten gab – obschon sie im Haushalt, in der Familie und im landwirtschaftlichen Betrieb enorm viel leisten mussten.

Die von ihr initiierten Vereine wurden allerdings 1934 – im Zuge der NSDAP-Machtübernahme – aufgelöst und in den Reichsnährstand eingegliedert. Nach dem Ende des Zweiten Weltkrieges gründeten sich jedoch in der amerikanischen Besatzungszone neue erste Landfrauenvereine, die sich kurz darauf zur „Arbeitsgemeinschaft der Landfrauenverbände“ zusammenschlossen – auch dies auf Betreiben einer tatkräftigen Frau: Marie-Luise Gräfin Leutrum zu Ertingen (1905–1980) schloss als eine der ersten Frauen das landwirtschaftliche Studium mit Diplom ab und wurde 1948 die erste Präsidentin des „Deutschen LandFrauenverbandes“ (dlv).

In den vergangenen Jahrzehnten hat sich der Deutsche LandFrauenverband (dlv) zum bundesweit größten Verband für diejenigen Frauen entwickelt, die auf dem Lande leben: Es gibt 22 Landesverbände mit rund 430 Kreis- und mehr als 12 000 Ortsvereinen. In den Ortsvereinen sind insgesamt rund 500 000 Frauen vertreten, die sowohl in der Landwirtschaft als auch in anderen Berufsfeldern tätig sind. Der dlv setzt sich für die Interessen der Bäuerinnen ebenso ein wie für die Verbesserung der sozialen, wirtschaftlichen und rechtlichen Situation von Frauen im ländlichen Raum.

Not macht erfinderisch: Ein selbst gebauter Melkwagen mit Vakuumpumpe hat das tägliche Melken sehr vereinfacht.

Auch das Melken auf der Weide war lange Zeit Frauenarbeit – und das war mühselig und nicht immer ganz ungefährlich.

Betrieb rundum Selbstversorger! Es gab auch einen sehr großen Gemüsegarten, denn all das, was man heute aus dem Supermarkt holt, wurde angebaut. Und das war Aufgabe der Frauen. Außerdem war Geflügel da, und die Hühner, Enten und Gänse, die mussten ja versorgt werden!

Und dann mussten auch die Kühe gemolken werden. Ende der 1940er Jahre bis Mitte der 1950er Jahre wurde noch von Hand gemolken, da waren die Frauen auch mit bei.

Die ersten Melkmaschinen kamen ja erst so Mitte bis Ende der 1950er Jahre. Da haben dann allerdings überwiegend die Männer gemolken, weil die Melkmaschine auf der Weide ja angetrieben werden musste, wo es keinen Strom gab. Da war ein kleiner Benzinmotor drin, der die Vakuumpumpe antrieb. Und das war ja nicht unbedingt so eine Frauenangelegenheit, wenn so ein Motor mal nicht lief. Später hat man mit einem Schlepper gemolken, direkt nicht, aber indirekt – da kam eine Pumpe hinten auf die Zapfwelle, und damit wurde die Vakuumpumpe angetrieben. Das war aber auch alles eine Angelegenheit für Männer!

Rudolf Schwarting

Hühner füttern und Eier sammeln – das war Sache der Frauen auf dem Hof, auch für die Altenteilerinnen. Einen extra Hühnerstall hatten aber die wenigsten; so lief das Federvieh frei auf dem Hof herum: ökologische Hühnerhaltung anno 1947.

Als Mann hat der Bauer in der Küche nichts zu suchen, nicht! Die Küche ging die Männer nichts an. Zum Beispiel, ich konnte zuerst nicht mal Kartoffeln kochen – ja, das war so! Nein, das gehörte sich nicht, das war Frauensache. Frauen haben meistens die Kühe gemolken, ja, Frauen haben Heu geladen und mal Mist gestreut auf dem Feld – das gab es! Aber zum Beispiel Mist aufladen, nein, das war

Die Miele Combinette kam Mitte der 1950er Jahre in die deutschen Haushalte: waschen und schleudern unter einer Haube.

Während der Landwirt sich über die Motorisierung auf dem Acker freute, entwickelte sich in den 1950er Jahren auch die Haushaltstechnik – und machte manche Tätigkeiten leichter.

eine Ausnahme, das war Männerarbeit! Hühner füttern, Schweine füttern, das war Frauensache – und Gartenarbeit auch! *Heinrich Fricke*

Übrigens gab es ja auch in der Familie, im Haushalt einige neue Technik: Als meine Frau und ich 1960 geheiratet haben, brachte sie eine Waschmaschine mit und eine neue Küche, da war auch eine Spüle drin. Keine Spülmaschine, aber zumindest konnte man dort auch spülen – aber meine Mutter, die wollte das nicht. Die meinte, das wäre viel zu aufwendig und viel zu teuer. Und die Wäsche in der Waschmaschine waschen, das wollte sie auch nicht – sie wollte die kochen. Das hat da schon einiges an Konflikten gegeben, und das ging dann so weit, dass meine Mutter, wenn meine Frau und ich unterwegs waren, die Wäsche aus der Waschmaschine wieder herausgenommen und im Kessel gekocht hat. Da musste ich ab und zu schon mal ganz laut werden, und es hat lange gedauert, bis meine Mutter sich an die neue Haushaltstechnik gewöhnt hatte.

Hermann Dieck

DIE TRECKERTECHNIK GEHT VORAN

Wir waren erst mal glücklich, dass wir einen Trecker hatten – aber dann kamen die Probleme! Es gab ja zu der Zeit noch keine von der Industrie ordentlich gefertigten Anbaugeräte. Und da sagte mein Vater: „Das ist nicht so schlimm – das machen wir selber, das bauen wir selber!“ Dann ist er zu einem Schmied gegangen, der sollte uns ein Gerät bauen, wo man die Geräte reinhängen kann. Da hat der gesagt: „Ich will mich doch nicht pleite arbeiten – dann leg ich mich lieber aufs Sofa, um pleite zu gehen!“ Er wollte sich einfach nicht darauf einlassen.

Aber mein Vater hat ihn dann so lange bekniet, bis der Schmied gesagt hat, wenn mein Vater ihm ein Modell aus Holz baut, dann macht er das. Das ließ sich mein Vater nicht zweimal sagen. Mit dem fertigen Gerät haben wir dann geübt, das erste Jahr – und das ganze Dorf hat uns milde belächelt! Weil das auch nicht so gut aussah: Spuren im Acker, was wir nicht gewohnt waren – bei Pferden sah man das ja nicht so, da hatte man ja die Hufe, dadurch waren zwar auch Löcher drin, aber das war nicht so schlimm. Hinzu kam, dass der Trecker auf dem losen Acker leicht einsackte und die Anbaugeräte nicht so gut zog.

Aber dann gab es von der Industrie ganz schnell sogenannte Gitterräder, also Verbreiterungen aus Stahl, die konnte man anschrauben – und dann ging der Trecker da ganz leicht drüber weg! So sind wir bald nur noch mit diesen Gitterrädern über den Acker gefahren, und dann haben wir etwas gemerkt, was wir vorher niemals geglaubt hätten: In den Spuren wuchs es viel besser! Wir haben ja hier so 20–40er leichten Boden, der ist sehr lose, und da wuchs es plötzlich viel besser! Und warum? Weil der Boden durch die Gitterräder angedrückt wurde und die sogenannte Kapillarität, das Wasser von unten, besser nach oben steigen kann. Das hat dann natürlich auch Nachbarn und Kollegen beeinflusst, das war dann gar nicht mehr ein Problem, sondern ein Vorteil! *Hermann Dieck*

Zuerst haben wir ja die alten Anbaugeräte von den Pferden auch noch für den Trecker benutzt, zum Beispiel eine Drillmaschine. Die haben wir auseinandergenommen, die Steuerung kam dann weg, und dann haben wir die Drillmaschine hinter den Trecker gehängt – so haben wir erst noch eine ganze Zeit gearbeitet! *Heinrich Fricke*

Ich erinnere mich noch: Mist streuen, das war ja auch so eine wunderschöne Geschichte, die man immer so gern gemacht hat! Erst mal gab es nicht viel Mist, und der musste so schön verteilt werden – und da hat man da geschüttelt und geschüttelt, bis überall ein paar Halme hinfielen! Und dann hatte sich ein Nachbar für seinen Trecker einen Miststreuer gekauft – und der fuhr stolz an uns vorbei und hat dann seinen Mist da ausgestreut. Seitdem konnte ich keinen Mist mehr per Hand streuen, das war vorbei! So mussten wir natürlich auch einen Miststreuer haben – und dann haben wir auch einen bekommen!

Hermann Dieck

Auch die Entwicklung der Trecker selbst ging schnell voran! 1952, da bekamen wir einen etwas größeren Schlepper, der hatte 22 PS, der war ja auch wesentlich stärker. Da konnte man auch schon mehr mit beschicken vom Pflügen her! Der lief auch schneller, der lief schon 20 Stundenkilometer – und dieser 11-PS-Deutz, der lief nur 8 Stundenkilometer! *Rudolf Schwarting*

Bis 1957 haben wir den Lanz Bulldog gehabt, der wurde dann für 500 Mark verkauft – das weiß ich noch genau – und dann haben wir einen 27-PS-Hanomag bekommen! Ja, der war so viel besser, man brauchte bloß am Anlasser zu drehen und der lief! Es war eine große Erleichterung, man brauchte nicht mit der Heizlampe herumzukurven – und man konnte den mal auf dem Feld ausmachen! Den Lanz Bulldog, wenn

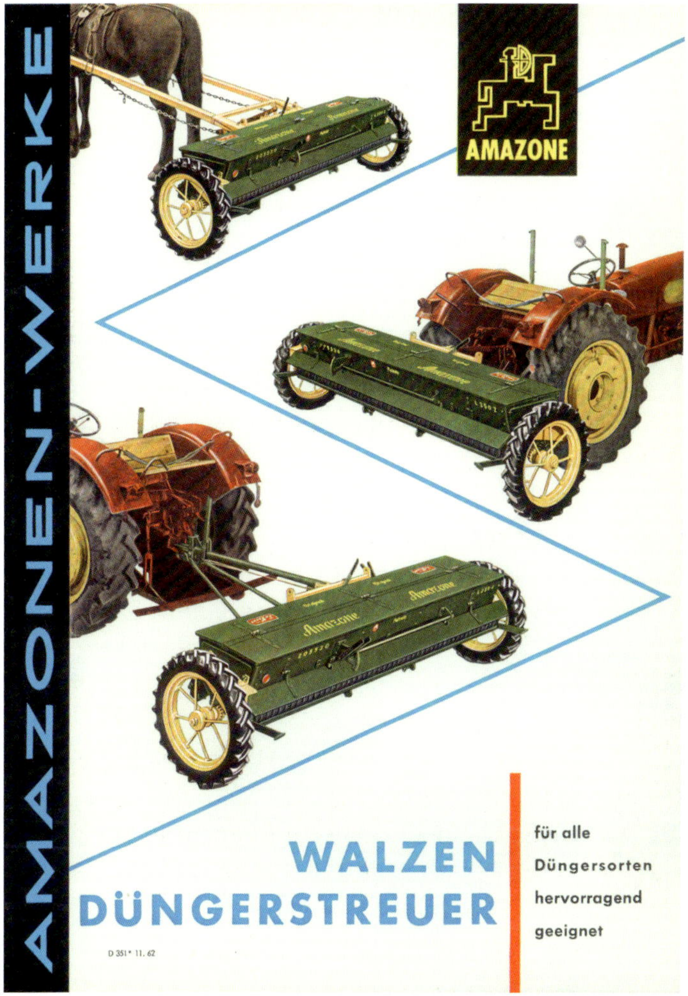

In den 1950er Jahren wurden die Anbaugeräte häufig noch sowohl für den Trecker als auch für das Pferd angeboten.

Zu Beginn der Motorisierung waren die meisten Traktor-Reifen zu schmal. Resultat: Der Schlepper fuhr sich häufig fest oder konnte die Anbaugeräte nicht ziehen. Abhilfe versprach eine Radverbreiterung durch zusätzliche Gitterräder.

Drillmaschinen gehörten zu den wichtigsten Geräten auf dem Hof – und auch sie konnten vom Pferd und vom Trecker gezogen werden.

man den auf dem Feld ausmachte, da durfte man nicht zu lange warten – wenn der Glühkopf kalt war, dann sprang der nicht mehr an, nicht! Dann musste man erst wieder die Heizlampe holen und den Bulldog neu starten!

Aber unser 27er Hanomag, der hatte Kriechgänge, der kleine Kriechgang war 200 Meter in der Stunde. Und dann wollte ich einen Wagen in die Scheune reinfahren. Dazu habe ich den Trecker rumgedreht, den Kriechgang eingelegt, bin runter vom Trecker und habe die Deichsel des Anhängers angehoben, weil sie ins vordere Zugmaul des Treckers reingleiten sollte. Aber plötzlich schob die Deichsel so ran, die Feder war nicht stark genug, und dann war plötzlich meine Hand zwischen Trecker und Wagen eingeklemmt. Und der Trecker, der schob ja nun immer, und ich konnte die Hand nicht loskriegen, die saß einfach fest! Aber den Wagen konnte ich ja auch nicht wegkriegen – und das Scheunentor, auf das wir zurollten, war zu – das war alles zu! Zu guter Letzt konnte ich die Hand so einen Zentimeter bewegen – man hat ja dann Kräfte! Und dann kriegte ich endlich meine Hand raus! Aber seitdem habe ich keinen Trecker mehr vorne auf die Schnauze genommen und in einen Wagen hineingeschoben. Wenn ich das gemacht habe, dann habe ich da eine Stütze untergestellt! Wehe,

Besonders begehrt: die ersten Miststreuer (hier ein Optimat von Krone). Endlich war Schluss damit, den Mist zu Fuß und per Hand auf dem Acker zu verteilen.

Miststreuer gab es in verschiedenen Ausführungen und passend zu der jeweiligen PS-Stärke des Schleppers.

wenn ich das nicht losgekriegt hätte, dann hätte mich der Trecker da totgedrückt!

Und dann war ich ja einige Zeit zuvor auf einer Deula-Schule bei Hannover, da hatten sie einen Hanomag-Trecker mit Frontlader. Mit dem habe ich da gearbeitet und habe einen Graben zugeschoben, das weiß ich noch – und wie ich denn wieder nach Hause kam, da habe ich zu meinem Vater gesagt: „So, der nächste Trecker – das ist aber ein Hanomag mit Frontlader!" Damit hatte ich den ersten Frontlader hier im Dorf! Fast zur gleichen Zeit bekamen hier noch drei andere Bauern Trecker mit Frontlader – und im Nachbardorf hieß es dann, bei uns bekämen die Trecker jetzt alle Hörner! Das war ja nun richtig was mit einem Frontlader!

Der erste Frontlader! Man konnte etwas bewegen, man konnte Erde aufladen – und man konnte Mist aufladen! Und musste das nicht mehr mit Muskelkraft machen, den ganzen Tag Mist aufladen – am Abend war dann nichts mehr mit Disco! Außerdem hatte der Hanomag ja auch schon viel mehr Bodenfreiheit, da konnte man auch mal die Wendungen auspflügen – und man konnte auch mal einen Gang rückwärtsfahren!

Etwa 1955 kamen dann die ersten Vorratsroder in unser Dorf, die von einem Traktor gezogen

Die Familie posiert stolz vor dem Trecker mit Frontlader, der in den 1950er Jahren ein Novum war und Luxus bedeutete. Heute ist dieses Gerät aus dem landwirtschaftlichen Alltag nicht mehr wegzudenken.

wurden. Da blieben die Kartoffeln alle schön in einer Reihe liegen. Und 1957 haben wir gemeinsam mit einem Nachbarn den ersten Kartoffel-Vollernter gekauft. Er war aber noch ein Vollernter mit einem runden Korb, sodass die Kartoffeln nach der Ernte noch sehr schwarz waren. *Heinrich Fricke*

1958 bekamen wir dann den nächsten Schlepper – das war ein 24-PS-Fahr, das war schon einer, den konnte man mit dem Zündschloss anstellen. Und den vorherigen 22-PS-Schlepper, den wir 1952 bekommen hatten, den musste man noch mit einer Kurbel andrehen vorne – der kam dann erst mal weg! Ja, und dieser 24-PS-Schlep-

Eine unvorstellbare Erleichterung: Trecker, die nicht mehr angekurbelt werden mussten, sondern per Zündschlüssel gestartet werden konnten. Hier der Fahr D180 mit einem Bosch-Anlasser.

per, der hatte auch noch keine Hydraulik, aber er war eben insofern bequemer und schöner, weil er neuer war – er war neu, und er hatte einen Anlasser! *Rudolf Schwarting*

Wenn dann ein neuer Schlepper auf den Hof kam, den man auch mal eben ausmachen konnte, und dann dreht man am Schlüssel und er ist wieder da – das ist ein Unterschied von Tag und Nacht!

Ende der 1950er Jahre kamen dann auch schon die Mähdrescher, das war noch mal eine so große Erleichterung: Das Getreide wird gemäht und ausgedroschen, das Korn wird in einem Bunker gelagert, und dann wird das ausgedroschene Stroh gepresst und zu Ballen gebunden. Unser Nachbar hatte aber schon 1954 den ersten Mähdrescher im Dorf, einen Claas Junior, der von einem 30 PS starken Deutz-Trecker gezogen wurde. *Heinrich Fricke*

Auf dem Acker, so ab 1960, da hatte man Schleppergrößen um die 40 PS herum, während man 1940 ja etwa 11 PS hatte und in den 1950er Jahren bewegte sich das so zwischen 15 und 30 PS.
Rudolf Schwarting

So ab 1960 – da hatten wir unserem Porsche dann allmählich schon das Genick umgedreht, da gab es dann von der Industrie auch schon bessere Geräte. Sehr hilfreich war eine Neuheit, eine sogenannte Dreipunkthydraulik. Die Engländer, die hatten das schon; die Deutschen meinten, sie brauchten das nicht, aber sie haben es dann doch aufgenommen! Und damit konnte man dann ja auch alle Geräte ausheben und man brauchte das nicht mehr in Handarbeit zu machen – ja, das hat alles sehr beflügelt! *Hermann Dieck*

War die Kartoffelernte anfangs noch mühsam und zeitraubend, ging jetzt fast alles ohne Handarbeit vonstatten – wie hier mit dem Vollroder.

Zunächst unter der Bezeichnung „Mäh-Dresch-Binder Typ Super“ entwickelt, ging dieser gezogene Mähdrescher ab 1946 in Serie. Insgesamt wurden bis zum Produktionsende 1978 mehr als 65 000 Einheiten der Mähdrescherfamilie Super bei Claas produziert.

Wir haben dann zuerst den alten Zweischar-Anhängepflug zum Hydraulikpflug umbauen lassen. Ja, und dann kamen auch andere Geräte dazu – als Erstes die Egge, die man in die Hydraulik hängen konnte, dann kam der Grubber dazu, auch in die Hydraulik zu hängen! *Heinrich Fricke*

Man konnte die Geräte mit der Hydraulik anheben und konnte dann damit ackern. Das war schon eine große Erleichterung! Und so ging das ja damals schnell weiter, die Schlepper wurden größer, und die Maschinen wurden besser und effektiver – also, es war schon ein gewaltiger Fortschritt! Wir bekamen dann in den 1960er Jahren einen 40-PS-Schlepper, und Anfang 1970 einen 72-PS-Schlepper – und wir hatten immer einen Deutz! *Rudolf Schwarting*

1965 haben wir einen gebrauchten 35-PS-Hanomag-Schlepper gekauft. Und 1969 haben wir zur Kornernte einen Claas Merkur gekauft, einen Selbstfahrermähdrescher mit einer Schnittbreite von 2,60 Meter. 1984 haben wir dann den Hanomag 700 mit 75 PS gekauft, 1988 einen MF-Trecker mit 95 PS und 1999 zur Kornernte einen gebrauchten Claas-Mähdrescher mit einer Schnittbreite von 3,90 Meter. Die Technik, die ging

Noch eine Erleichterung bei der Kartoffelernte – der Siebkettenroder „Wühlmaus", der die Kartoffeldämme komplett auf ein Sieb hebt. Die Erde wird dabei abgesiebt und die Kartoffeln bleiben in einer Reihe hinter der Maschine liegen (hier 1962).

DIE DREIPUNKTHYDRAULIK

Die Entwicklung der Dreipunkthydraulik gilt in der Traktorentwicklung des 20. Jahrhunderts bis heute als bahnbrechend. Erfunden wurde sie in Großbritannien vom Ingenieur Henry Ferguson (1884 – 1960). Der gebürtige Nordire wuchs auf einem Bauernhof auf und war ein Technik-Genie: Er bastelte nicht nur voller Hingabe an Motorrädern und Autos, sondern konstruierte sogar Flugzeuge – und flog bereits 1909 als erster Mensch in Irland sein eigenes motorgetriebenes Flugzeug.

Doch seine Leidenschaft galt vor allem der Landtechnik. Als er 27 Jahre alt war, gründete er deshalb ein eigenes Unternehmen für landwirtschaftliche Geräte, wobei sein Erfindergeist weiterhin auf Hochtouren arbeitete. So hat er jahrelang experimentiert, bis er schließlich die innovative Verbindung zwischen Trecker und Arbeitsgerät erfand: die Dreipunkthydraulik.

Damit stellte er die Landtechnik auf den Kopf: Endlich konnte der Landwirt die Feldgeräte zielgerichtet anheben, absenken und kontrollieren – und all das bequem vom Fahrersitz aus! Gleichzeitig verbesserte sich sogar die Lenkbarkeit des Schleppers, denn die Vorderachse war nun stabilisiert und die Zugkraft der Hinterräder verstärkt.

Die hydraulische Dreipunktaufhängung – bis heute auch als das „Ferguson-System" bekannt – hat die Arbeit auf dem Acker jedenfalls ähnlich revolutioniert wie der Trecker selbst: Damit wurde die Feldarbeit noch leichter, effizienter und sicherer!

1933 stellte der Ire Henry Ferguson den ersten Traktor mit einer von ihm entwickelten hydraulischen Dreipunktaufhängung vor – den legendären „Black Tractor“ (hier ein Ferguson FE 35). Obschon eine revolutionäre Entwicklung, brachten deutsche Hersteller erst viel später Trecker mit diesem System auf den Markt.

1958 präsentierte Amazone mit dem „ZA“ den ersten Zweischeiben-Düngerstreuer. Dieser Anhänge-Düngerstreuer wurde weltweit über 700.000 Mal verkauft und begründete den Erfolg des deutschen Landtechnikherstellers.

so schnell weiter! Das ging alles so schnell – das hat sich ja überschlagen! Das war eigentlich freiwilliger Zwang, das ging ja gar nicht anders mehr!

Heinrich Fricke

Aber auf die Dauer musste es ein Trecker sein, der im Dorf oder in der Nähe repariert werden konnte. Und dann ergab sich das, dass hier ein Landmaschinenmechaniker, der ganz neu angefangen war, auch verschiedene Treckermarken verkaufte – wie IHC, McCormick oder später den Case und so weiter. Zu diesem sind wir dann auch hingegangen, und ich weiß gar nicht, wie viele IHCs, also wie viele rote Trecker wir gehabt haben! Bis zum Schluss haben wir nur rote gehabt, manchmal auch zwei gleichzeitig, weil wir Lohnarbeit machten, und eigentlich haben wir dann später nur IHCs gehabt. *Hermann Dieck*

Rot, aber dennoch kein IHC: der Hürlimann D 95 (Baujahr 1969) – der „Rolls Royce“ unter den Traktoren.

VON DER MASCHINENGEMEINSCHAFT ZUM MASCHINENRING

Es gab ja diese Maschinengemeinschaften – wir hatten in unserem Dorf schon sehr früh eine Maschinengemeinschaft, also gemeinsam eine Erntemaschine oder größere Maschinen. Denn einer allein konnte diese Maschinen nicht kaufen, die waren viel zu teuer! Deshalb haben sich mehrere Landwirte im Dorf zusammengetan zu sogenannten Maschinengemeinschaften und sich gemeinsam eine Dreschmaschine oder eine kleine Landmaschine gekauft – und dann hat man damit gewirtschaftet. *Hermann Dieck*

Die erste Gemeinschaftsmaschine im Dorf, die haben wir 1948 gehabt – für das ganze Dorf! Das war eine Kartoffelspritze. Mit einem Pferd wur-

188
MASSEY · FERGUSON
Multi-Power
CONTINENTAL
CONTRACT AC85
135

Zu den moderneren Treckern zählten damals auch der Massey Ferguson 188 von 1974 (links) sowie das Modell 135 von 1976 (rechts).

de die Spritze gezogen, und durch einen Radantrieb hat man Druck auf den Kessel gepumpt – und dann haben wir die Kartoffelkäfer gespritzt! Zu der Zeit war der Kartoffelkäfer im Kommen, nach 1945; zuerst haben wir den mit der Hand abgesammelt, aber da konnte man nicht gegen ansammeln! Und dann haben sie hier im Dorf die erste Spritze zusammen gekauft. Die hatte eine Arbeitsbreite von zehn Metern, und die eingebaute Kolbenpumpe wurde durch Radantrieb in Bewegung gesetzt, sodass man Druck auf den Kessel bekam. Durch die einzelnen Düsen fielen dann die Tropfen der Spritzflüssigkeit auf das Kartoffelkraut. *Heinrich Fricke*

Man hat viel zusammen gearbeitet, vor allem die landwirtschaftlichen Betriebe, die haben damals schon viel kooperiert – zum Beispiel hat man eine Drillmaschine oft mit zwei Betrieben zusammen gehabt, weil die zu der damaligen Zeit relativ teuer war. Und Betriebe, die nicht so viel Ackerland hatten, die haben sich dann diese Maschine mit einem anderen Betrieb geteilt. Es lief meistens auch zufriedenstellend mit den Maschinen, die man zusammen hatte. Später zum Beispiel hatten wir mit den Nachbarn zusammen ein Silo-Entnahmegerät hinter dem Schlepper, und die Gummiwagen haben wir auch hin und her getauscht.

Innerhalb der Jagdgenossenschaften waren die Jagden ja verpachtet, und das Pachtgeld kam bei uns in eine Dorfkasse – davon wurden dann Gemeinschaftsmaschinen angeschafft, die nicht so häufig genutzt wurden. In den 1950er Jahren wurde eine Scheibenegge angeschafft für Pferde und Schlepperzug, um das Grünland umzubrechen, weil davon Ackerland gemacht werden sollte. Es gab ja einen Ortsbauernvorsteher, und der nahm das in die Hand – und dann wurde diese Maschine angeschafft. Die einzelnen Betriebe konnten die Maschine dann ausleihen und mussten pro Hektar oder Stunde dafür etwas bezahlen – damit wurde die Maschine dann erhalten und eventuell später auch erneuert.

Und dann hatten wir im Dorf noch eine Unkrautspritze: Heute sieht man die ja an den großen Schleppern oder Selbstfahrern – ein Riesengestänge auf beiden Seiten. Damals aber war das eine Spritze, die – wenn ich das noch richtig weiß – so um die sechs Meter breit war. Da kam ein Pferd vor; und die Pumpe, die diese Spritzbrühe dann herausbrachte, die wurde durch Bodenradantrieb bewegt – das war eine Spritze, die war auch fürs ganze Dorf zuständig.

Rudolf Schwarting

Eine typische Scheibenegge aus der damaligen Zeit, die oft als Gemeinschaftsmaschine angeschafft wurde.

Einer der ersten Selbstfahrer-Mähdrescher im Lohndrusch in der Lüneburger Heide (1961).

Na ja, mit den Gemeinschaftsmaschinen war das aber ein bisschen schwierig – man musste sich in der Gemeinschaft ja auch wieder rückversichern, musste das regeln, wie wird das jetzt abgerechnet: Wenn ich die Maschine nicht für mich brauche, ich habe sie nach meiner Fläche bezahlt, und wie wird das nun abgerechnet, da musste auch eine Regelung gefunden werden, dass ich einen Teil meines Verdienstes eben an die Gemeinschaft dann wieder zahlte – das hat das alles schon sehr beeinflusst!

Hermann Dieck

Kumpanei ist Lumpanei, heißt das auf gut Deutsch! Das hat meistens keinen Zweck! Wenn etwas kaputtgeht, dann heißt es: „Das ist doch schon bei dir kaputtgegangen!" Ja, so geht das dann, nicht! Es kann sein, dass es mal klappt, wir haben auch mit unserem Nachbarn einen Kartoffelvollernter gehabt, das ging ganz gut, wir haben damit keine Probleme gehabt – aber man muss eben auch immer Rücksicht nehmen auf andere, nicht!

Heinrich Fricke

Dabei haben wir Landwirte in den 1960er Jahren eigentlich sehr gut zusammengearbeitet – auch, weil wir eben keine Fremdarbeitskräfte mehr hatten, die waren einfach nicht mehr da. Da haben wir uns eben gegenseitig geholfen, und das hat auch gut funktioniert, abgesehen von ein paar Kleinigkeiten, die es immer gibt. Und anfangs hat das mit den Gemeinschaftsmaschinen noch ganz gut funktioniert – fast in jedem Dorf gab es eine oder sogar mehrere solcher Gemeinschaften. Wenn sie einen Maschinenführer angestellt haben, der verantwortlich war für die Wartung und Pflege und mit dieser Maschine auch zu den anderen Landwirten hinging – so lange hat das funktioniert.

Nach dem Zweiten Weltkrieg sind diese Maschinengemeinschaften ja auch staatlich gefördert worden. So haben wir uns einen gemeinsamen Feldhäcksler und einen gemeinsamen Rübenroder gekauft. Aber da gab es dann ganz schnell Probleme, denn jeder hat das Ding benutzt, und niemand hat sie geschmiert. Oder wenn es kaputtgebrochen war: „Nee – das war ich nicht!" Bei uns im Dorf ist das noch relativ gut gegangen, weil sie mich hatten, der ein bisschen aufgepasst hat. Aber alles kontrollieren kann man nicht – man ist ja nicht jedes Mal mit auf dem Acker. Also, mit diesen Maschinengemeinschaften hat das hier irgendwann überhaupt nicht mehr funktioniert!

Und dann kam ein bayerischer Wissenschaftler und Agrarjournalist, der Herr Dr. Geiersberger, auf die Idee, dass man das anders machen muss:

Verrechnungssätze 1972/73

Maschinenring – ein Weg
zum höheren Betriebserfolg

Maschinenring Zeven e. V. 2149 **Heeslingen 195** · Tel. 04281/2553

Die in nachstehender Aufstellung genannten Verrechnungssätze sind als Richtsätze für den überbetrieblichen Maschineneinsatz im Maschinenring Zeven e. V. gedacht.

Bei Vorliegen besonderer Verhältnisse sind Abweichungen möglich.

Auskünfte über Verrechnungssätze der hier nicht angeführten Maschinen und Geräte werden auf Anfrage erteilt.

Kennziffer	Art der Dienstleistung	Einheit	Preis DM	Preisänderung 1973
	Gruppe 0: Arbeitskraft, Schlepper, Schlepper-Zubehör, Transportfahrzeuge			
001	Arbeitskraft	Std.	7,--	-----
021	Schlepper o. Fahrer pro PS	Std.	-,15	-----
022	Schlepper o. Fahrer pro PS mit Zwillingsrädern	Std.	-,17	-----
023	Schlepper o. Fahrer pro PS mit Allrad	Std.	-,20	-----
031	Frontlader Typ II	Std.	4,--	-----
032	Frontlader Typ III	Std.	5,--	-----
041	Hydrauliklader	Std.	6,--	-----
042	Planierschild	Std.	4,--	-----
051	Wagen je t	Std.	-,30	-----
052	Wagen je t m. Kippvorrichtung	Std.	-,40	-----
053	Wagen je t m. Kippvorrichtung und Häckselaufsatz	Std.	-,50	-----
054	Ladewagen	Std.	7,--	-----

In Zeven wurde der Maschinenring erst in den späten 1960er Jahren gegründet. Mittlerweile gibt es in Deutschland mehr als 200 Maschinenringe, die in zwölf Landesverbänden und einem Bundesverband organisiert sind.

Der eine kauft die Maschine, meinetwegen einen Mähdrescher, und der andere kauft eine Presse und so weiter – und dann fährt er mit seiner Maschine zu den anderen Bauern arbeiten. Und dann wurden die Maschinenringe gegründet! Das sind ja Vereine, und dann hat sich das erübrigt, nicht. Und Herr Dr. Geiersberger ist durch Deutschland gezogen und hat auch uns auf den Landvolkversammlungen diese Idee vorgestellt.

Doch zuerst wollten meine Kollegen nicht mitmachen: „Nein, nein, wir haben unsere Maschinengemeinschaft – das reicht!" Ich war damals ab 1964 schon im Vorstand vom Landvolk, war einer der Jüngsten und hatte alles ältere Herrschaften um mich. Und eines guten Tages habe ich da mal auf den Tisch gehauen und habe gesagt: „So, wenn ihr bei der Gründungsversammlung des Maschinenrings nicht einen 1000-Mark-Schein – das war damals schon etwas! – für die Büroeinrichtung mitnehmt und das unterstützt, dann seht ihr mich hier nicht mehr wieder!" Dann haben sie doch auf mich gehört – und so wurde bei uns der Maschinenring gegründet. Auf der Gründungsversammlung sind 120 Bauern beigetreten, und in den Spitzenzeiten waren wir dann 800 Mitglieder. Die Regel ist ja ganz einfach erklärt: Jeder kauft sich seine Maschine selbst, jeder fährt mit seiner Maschine zum anderen Landwirt hin, wenn er gebraucht wird – und er kriegt seine Arbeit bezahlt. Und das Prinzip ist bis heute unbestritten! *Hermann Dieck*

Hauptsächlich ging das dann erst mal mit dem Mähdrescher los, dadurch ist der Maschinenring eigentlich vor allem entstanden! Manche Landwirte haben einen Mähdrescher gekauft und dann für andere Leute gemäht – so gab es nach und nach immer mehr Lohnunternehmer! Aber manchmal hat einer auch Schietarbeit gemacht, hat gepfuscht – manche zogen mit dem Mähdrescher los, die hatten dann runde Ecken, nicht! *Heinrich Fricke*

Man konnte sich ja jemanden aussuchen, der zu einem kommt, und dann wurde der genommen, der die beste Arbeit machte. Und der, der Mist gebaut hatte, wurde nicht wieder genommen – und wenn er zu teuer war, dann auch nicht. Das war also ein sehr positiver Effekt in ökono-

Der selbstfahrende Schüttlermähdrescher „Columbus“ wurde von Claas in den 1950er Jahren entwickelt. Er hatte eine Schnittbreite von 1,80 Metern und wurde ursprünglich mit einem 27-PS-Motor angetrieben. Der „Columbus“ hatte keinen Korntank; das Dreschgut musste noch in Säcke oder per Abtankrohr aufgefangen werden.

mischer Hinsicht. Aber natürlich entstand dann auch wieder sehr schnell ein Wettbewerb unter den Bauern: Wer bekommt nun die meisten Aufträge, das gab es eben auch wieder! Insofern – von früher her gab es die Dorfgemeinschaft in dem Sinne auch nicht! *Hermann Dieck*

Bei uns ist der Maschinenring 1967 gegründet worden, und dann war es ganz schnell so weit, dass die ersten Selbstfahrer kamen und die Mähbinder weggingen, und dass man diese Maschinen auch über den Maschinenring in Anspruch nehmen musste. Wir haben im Laufe der Zeit für verschiedene Zwecke mit dem Maschinenring zusammengearbeitet: Im Frühjahr brauchten wir die Unkrautspritzung und die Kartoffelpflanzmaschine, weil wir nicht so viel Kartoffeln angebaut haben, dass sich für uns eine Pflanzmaschine gelohnt hätte. Dann ha-

DER MASCHINENRING

Der erste Maschinenring wurde vom Agrarwissenschaftler und Journalisten Erich Geiersberger 1958 im bayerischen Buchhofen ins Leben gerufen. Das Ziel dieser – damals innovativen – Vereinigung ist bis heute der Zusammenschluss landwirtschaftlicher Betriebe, um teure (bzw. für den einzelnen Betrieb oftmals unerschwingliche) Land- sowie Forstmaschinen gemeinsam zu nutzen und landwirtschaftliche Arbeitskräfte zu vermitteln, aber auch um sich gegenseitig zu unterstützen und auszutauschen.

Überhaupt bildet der Gemeinschafts- und Solidaritätsgedanke die Grundlage eines Maschinenrings, der seinen Mitgliedern nicht nur wirtschaftliche, sondern auch soziale Hilfen anbietet und damit das Leben im ländlichen Raum fördert und stärkt.

In der Regel als Verein oder Genossenschaft organisiert, sind Maschinenringe überall in Deutschland auf regionaler Ebene vorhanden. Sie fungieren als Ansprechpartner für die ortsansässigen Landwirte und sind gleichzeitig Teil ihres jeweiligen Landesverbandes, der wiederum zum Bundesverband gehört.

Allein im niedersächsischen Landesverband sind 31 lokale Maschinenringe und insgesamt rund 22 000 landwirtschaftliche Betriebe vertreten. Diese Betriebe bewirtschaften in Niedersachsen mit knapp 1,3 Millionen Hektar fast die Hälfte aller niedersächsischen Landwirtschaftsflächen.

ben wir in der Runkelrüben- und Zuckerrübenernte die Vollernter gebucht, allerdings noch keine Selbstfahrer, das waren damals noch gezogene. Aber die Handarbeit wurde zusehends teurer, und es waren ja auch keine anderen Arbeitskräfte mehr da! *Rudolf Schwarting*

Wir selbst haben 1958 zum ersten Mal Zuckerrüben angebaut, die von einem Lohnunternehmer gerodet wurden. Von dieser Zeit an haben wir außerdem Sommergerste angebaut und auch vom Lohnunternehmer mähen lassen – der hatte sich im gleichen Jahr einen Claas SF mit einer Schnittbreite von 2,60 Meter gekauft. Also, den Maschinenring hat man dann schon in Anspruch genommen – und beispielsweise einen Graben aufbaggern oder Mais pflanzen lassen; eben je nachdem was für eine Arbeit das war, für die man selbst keine Maschine hatte. Ich bin auch selber mal losgegangen, wenn irgendwo ein Güllesilo aufgestellt wurde, da bin ich dann hingegangen, habe mitgeholfen und bekam mein Geld für die Arbeit. Denn der Maschinenring vermittelte ja auch Arbeitskräfte, heutzutage macht er das ja auch noch – das ist alles so geblieben, wie es am Anfang mal war. *Heinrich Fricke*

Der SF (1953) beeindruckte nicht nur durch seine Arbeitsbreite von bis zu 4,20 Metern – er war auch enorm vielseitig, verarbeitete er doch neben den bekannten Getreidearten auch problemlos Erbsen, Raps, Mais, Klee und Grassamen.

Roggenernte auf dem Dieck'schen Hof mit eigenem Mähdrescher (1966) – der Maschinenpark des Landwirts wurde immer größer und moderner.

Der Maschinenring hat ja auch viele Landwirte beschäftigt, die bei den anderen Landwirten Betriebshilfe gemacht haben, wenn einer ausgefallen ist oder wenn einer Urlaub haben wollte. Da waren Leute richtig fest angestellt, die nur so etwas gemacht haben. *Hermann Dieck*

Ich habe damals ja auch schon einen Mähdrescher gehabt und habe damit auch in Lohn gemäht, das kam schon mal vor. Ja, das wurde dann über den Maschinenring abgerechnet und fertig! Jeder hatte so einen Block, haben wir jetzt ja noch, da haben wir einen Zettel geschrieben, den Zettel hin zum Maschinenring gebracht und abgerechnet.

Heinrich Fricke

Zuerst haben das hauptsächlich Landwirte gemacht, und von den Lohnunternehmern haben die meisten zuerst auch mitgemacht hier im Maschinenring. Sie bekamen die Arbeiten vom Maschinenring sozusagen zugewiesen. Doch dann hat sich das immer mehr eingebürgert, dass immer mehr Lohnunternehmer kamen, die das in eigener Regie machen wollten, also als eigene Unternehmer. Die mussten dann natürlich mit den anderen konkurrieren. Wenn der Maschinenring zu einem bestimmten Satz arbeitet, und wenn der einzelne Lohnunternehmer Arbeit haben will, dann muss er das zu den gleichen Bedingungen machen. Dann geht das eher nach hinten los, dass er sagt: „Ich mache es aber billiger!" – das hat es ja auch ganz viel gegeben, und nicht alle großen Lohnunternehmer haben überlebt, nicht! Wir selbst haben ganz viel über den Maschinenring gearbeitet, nur über den Maschinenring – das war für uns nachher auch Ehrensache! Wir sind ja mal mit 20 Hektar angefangen, wir wurden ja gar nicht mitgezählt, wir waren ja kleine Krauter! Wir haben aber über den Maschinenring mit Lohnarbeiten in der ersten Zeit auch Geld verdient. Dafür mussten wir die Maschinen kaufen, mit denen wir bei anderen arbeiten konnten. Man hat sich aber keine große Maschine gekauft, wenn man nicht wusste, ob man sie einsetzen konnte. Wir haben uns deshalb vorher mit dem Maschinenring besprochen, und dann haben wir uns zum Beispiel eine große Rundballenpresse gekauft.

Hermann Dieck

Also, mit dem Maschinenring, das war für die Landwirte schon eine Erleichterung – und das ist bis heute so geblieben! *Heinrich Fricke*

Pure Nostalgie: Liebhaber der traditionellen Feldbearbeitung zeigen auf Meisterschaften, wie früher mit Arbeitspferden geackert wurde.

FAZIT DER ZEITZEUGEN

Ich bin eigentlich ein richtiger Pferdemensch gewesen und bin es noch! Mit dem Trecker – das war eben eine große Erleichterung für den Menschen. Aber romantischer war das früher, mit den Pferden – es ist nun mal ein Lebewesen!

Heinrich Fricke

Mit den Pferden war das eine relativ ruhige Zeit. Und wenn man mit ihnen auf dem Feld am Ackern war und gleich nebenan arbeitete der Nachbar, dann blieben die Pferde schon von sich aus stehen, denn sie wussten, gleich ist erst mal Unterhaltung angesagt. Heute, mit den großen Schleppern, da gibt es unter den Landwirten nur noch einen kurzen Gruß – und das war es dann.

Rudolf Schwarting

Mein Vater, meine zwei Brüder und ich – wir haben alle einen Technikfimmel, wir sind Technikfans! Wir haben immer auch nach Neuem gesucht: „Geht nicht – gibt es nicht", so nach dem Motto! Und wenn es nicht ging, dann haben wir versucht, es so hinzukriegen, dass es ging. Und was andere Leute uns erzählen wollten, von wegen „da geht die Welt von unter" – das ist Unsinn für uns gewesen. Wir haben gesagt: „Das wollen wir erst mal sehen!" Und siehe da – das meiste ging, auch wenn wir mal Schiffbruch erlitten haben!

Hermann Dieck

Also, wenn ich jetzt in meinem Alter zurückdenke an die Zeit, als ich noch richtig aktiv mit den Pferden gearbeitet und später den Übergang zum Schlepper hin mitgemacht habe: Diese Zeit, die war schön, wohl auch anstrengend, aber das war eine relativ ruhige Zeit! Gar nicht mal körperlich, körperlich war man enorm gefordert – nur, wenn man den ganzen Tag körperlich gearbeitet hatte und abends so richtig müde war, dann fiel man ins Bett und schlief beruhigt ein, und nächsten Morgen war man wieder fit! Es gab keine Zukunftsängste, jeder Betrieb hatte sozusagen eine gesicherte Zukunft!

Rudolf Schwarting

Damals waren die Leute auch noch zufriedener, und das kam auch davon: Es wurde ja immer bes-

Die Getreideernte mit dem ersten Trecker – noch heute ein unvergleichliches Erlebnis für den Landwirt Hermann Dieck.

OLDTIMER FOR EVER – TRECKER-KULT BIS HEUTE

Bei den Herstellern von Landmaschinen galt schon immer: Die eigene Marke muss möglichst einen wiedererkennbaren Sound, vor allem aber eine charakteristische Farbe haben! Das gefiel nicht nur den Kunden damals – auch heute schwören viele Trecker-Fans auf „ihr“ Fabrikat.

Zwar sind die meisten deutschen Hersteller längst von der Bühne verschwunden – etliche ihrer Trecker aber haben bis heute überlebt. Sie entwickelten sich in den letzten Jahrzehnten zu heiß begehrten Objekten – so steht ein Allgaier, Bulldog, Deutz oder Hanomag heutzutage hoch im Kurs und erreicht manchmal fast astronomische Summen. Kein Wunder – denn im Laufe der Zeit haben immer mehr Menschen einen Narren an ihnen gefressen!

So werden Oldtimer-Trecker auf gut besuchten Veranstaltungen von den einen stolz vorgeführt und von den anderen bestaunt und bewundert; und wer den entsprechenden Geldbeutel und Platz sein Eigen nennt, der greift bei seiner „Lieblingsmarke“ auch mal zu, um das geliebte Kleinod dann vielleicht noch in mühe- und liebevoller Kleinarbeit zu restaurieren. Einige sammeln Traktoren wie Briefmarken, andere machen mit ihnen Ausfahrten oder nehmen an Wettbewerben wie beispielsweise dem „Leistungspflügen“ teil – und wer sich einen Oldtimer-Traktor in Originalgröße nicht leisten kann, dem bleibt immer noch ein Bausatz in Miniaturausgabe. Alles in allem gelten alte Schlepper heute als Kult-Objekt und haben eine enorme Fangemeinde.

ser! Wir hatten ja alle eine schlechtere Zeit hinter uns. Außerdem hatte man früher auch nicht so einen Druck – es war körperlich eine schwere Arbeit, aber es gab nicht diesen unheimlichen Druck. Früher hatten wir es besser!

Heinrich Fricke

Von der Agrarchemie mal abgesehen wüsste ich persönlich jetzt nicht, was die Technik Negatives gebracht hat. Das Negative bringt der Mensch! Dadurch, dass er immer mehr Flächen bearbeiten will, dass er alles zusammenlegt, die Gräben wegmacht und die Bäume abholzt – das macht der Mensch, das hat die Technik aber nicht gemacht! *Hermann Dieck*

Heute ist das so: Der Landwirt ist Betriebsleiter und meistens die einzige Arbeitskraft; er braucht körperlich zwar nicht das zu leisten, was er früher leisten musste, weil die Technik da ist – nur heute ist das so, man ist abends körperlich überhaupt nicht kaputt oder gefordert worden, aber der Kopf ist nicht frei, weil die Zeiten heutzutage zu unsicher sind! Und diese unruhigen Zeiten, die belasten heute den Betriebsleiter vom Kopf her mehr als damals die schwere körperliche Arbeit! *Rudolf Schwarting*

Heutige Schlepper sind wahre Ackergiganten, was Größe, Leistung und Effizienz anbetrifft.

Wir haben uns damals körperlich abgemüht und geschuftet, und der Landwirt heute schuftet mit dem Kopf. Wenn er das nicht kann, dann braucht er gar nicht erst anzufangen! Wer sich heute auf eine moderne Maschine setzt und nicht mit dem Computer umzugehen weiß oder zumindest mit dem Smartphone, der braucht da gar nicht aufzusteigen, der kriegt das Ding ja gar nicht in Gang! *Hermann Dieck*

Uns wird heute ja auch alles vorgeschrieben, was wir zu tun und zu lassen haben – wir dürfen dies nicht mehr, wir dürfen das nicht mehr! Heute kann ich ja nicht mehr machen, was ich will – ich darf kein Grünland so einfach umbrechen, ich darf keinen Graben machen, am liebsten machen sie sämtliche Gräben wieder zu! Ja, heutzutage müssen wir drei Fruchtarten anbauen, das ist einfach vorgeschrieben. Früher haben sie Kartoffeln auch wie wild gepflanzt und da standen überall Kartoffelfelder. Und solche Vorschriften, die gab es früher nicht: Wir konnten machen, was wir wollten! *Heinrich Fricke*

Die enorm rasante Entwicklung in der Technik und das Größenwachstum in den Flächen und Ställen bringt heute viel Unruhe. Auch das ganze Preisgeschehen, das ist nicht mehr so überschaubar und planbar, wie das in früheren Jahren war. Die Preise waren stabil, zum Beispiel die Getreidepreise in den 1950er, 1960er Jahren, da kostete ein Doppelzentner immer so um die 35 bis 40 D-Mark, das war konstant. Und wer im Herbst seine Ernte gedroschen hatte, der konnte das einlagern, wenn er die Lagermöglichkeiten hatte, und wenn er das im Winter verkaufen wollte, dann bekam er pro Monat und Doppelzentner so und so viel mehr – das war fest einplanbar. Und das ist heute alles vorbei. *Rudolf Schwarting*

Im Laufe der Zeit hat sich das ja alles sehr verändert, weil die Betriebe immer größer wurden, und die Kleinbauern waren da ja alle weg schon – wer keine 100 Hektar hatte, der konnte ja schon beinahe nicht mehr überleben! Also – ob heute oder damals, immer heißt die Devise: Vogel friss – oder stirb! Wenn man nicht mitgeht, geht man ganz schnell unter. Entweder muss man nach Wegen suchen, um zu überleben – oder man kommt unter die Räder. Und dann hilft kein Jammern und Klagen, und es hilft einem auch nicht, dass Menschen einen bedauern – sondern man muss sehen, dass man vorankommt und dass man mit dem, was ist, klarkommt! *Hermann Dieck*

Aber man vermisst vielleicht so ein bisschen die innere Ruhe, die es früher gab – denn wenn ich das heute so sehe: Also, die innere Unruhe ist größer als früher! *Rudolf Schwarting*

Ja, früher war es doch etwas ruhiger alles, es war einfach ruhiger, nicht! Und was heutzutage dazukommt, die Auflagen und die Paragrafen und alles – früher war man freier! *Heinrich Fricke*

Bis zu 500 PS haben die heutigen High-Tech-Traktoren – dafür kosten sie allerdings auch ein kleines Vermögen (hier ein Claas Axion 960 mit 440 PS).

DANKSAGUNG

Ohne die Bereitschaft der Zeitzeugen, sich vertrauensvoll zu öffnen, wäre dieses Buch nicht zustande gekommen: Unser Dank gilt daher zunächst den drei Landwirten Hermann Dieck, Heinrich Fricke und Rudolf Schwarting, die sich für die Interviews selbst sowie für die Vorbereitungen darauf viel Zeit genommen haben – und dabei willens waren, sich mit ihrer damaligen Arbeits- und Lebenssituation noch mal intensiv auseinanderzusetzen und diese kompetent, kurzweilig und spannend zu vermitteln. Wir haben in den zahlreichen Gesprächen mit ihnen nicht nur viel gelernt, sondern auch viel gestaunt und gelacht – und es war für uns eine Ehre, so tief in ihr Leben eintauchen zu dürfen! Gleichzeitig bedanken wir uns herzlich für die zahlreiche und freundliche Bereitstellung von Bildmaterial: nicht nur bei den drei Landwirten, die für uns stundenlang in ihren Alben und Ordnern geblättert und nach passenden Fotos gesucht haben, sondern auch bei folgenden Rechte-Inhabern, die sich die Mühe machten, ihr Archiv durchzusehen, um dieses Buchprojekt aktiv zu unterstützen (hier in alphabetischer Reihenfolge):

Amazonen-Werke H. Dreyer GmbH & Co. KG; Bernard Krone Holding SE & Co. KG; CLAAS KGaA mbH; Deutscher Bauernverband (dbv); Deutscher LandFrauenverband (dlv); Dr. Ing. h.c. F. Porsche AG; Fricke Holding GmbH; Gebr. Kemper GmbH + Co. KG; GRIMME Landmaschinenfabrik GmbH & Co. KG; Hartmut Lindner; Heinrich von Seggern; Kraftfahrzeug Bundesamt(KBA); Maschinenring Zeven; Miele & Cie. KG; PRIVAT-BRAUEREI ERNST BARRE GMBH; Stiftung Genossenschaftliches Archiv; www.fahrzeugseiten.de

DIE AUTOREN

Ernst Matthiesen (Jahrgang 1960) und Marion Wilk (Jahrgang 1961) sind als Journalisten, Autoren und Filmemacher tätig. Sie arbeiten für den öffentlich-rechtlichen Rundfunk sowie im Auftrag von Unternehmen und Institutionen, setzen aber auch eigene Medienprojekte um. Denn das Autorenpaar ist davon überzeugt, dass es sich lohnt, gesellschaftlich wichtige Themen engagiert aufzugreifen und damit etwas anzustoßen.

Seitdem sie 2013 von Hamburg in die Elbe-Weser-Region gezogen sind, haben sie eine ausgeprägte Affinität zur Landwirtschaft entwickelt und beschäftigen sich vorrangig mit Themen aus dem „grünen Bereich".

So haben sie bereits 2015 die 12-teilige freie Filmdoku „Milch & mehr – ein Landwirt und seine Kühe" entwickelt, mit der sie den oft falschen oder verzerrten Vorstellungen vom bäuerlichen Dasein etwas entgegensetzen wollten. Die Dokuserie wird vor allem in der schulischen und außerschulischen Bildungsarbeit eingesetzt, hat auch von namhaften landwirtschaftlichen Organisationen viel positive Resonanz erfahren – und außerdem eine ausdrückliche Empfehlung des Landesmedienzentrums Baden-Württemberg erhalten.

Gleichzeitig haben die beiden Journalisten verschiedene Medienprojekte im Auftrag entsprechender Institutionen umgesetzt – beispielsweise einen Film über die „Feldgefügeansprache für den Praktiker" (im Auftrag der „Gesellschaft für konservierende Bodenerhaltung") sowie eine mehrteilige Filmreihe über die Versteppung der Böden in Deutschland und Sibirien (im Kontext des „Kulunda-Projekts" des geografischen Instituts der Universität Halle).

2017 ergab sich dann – durch zahlreiche Gespräche mit Landwirten und angesichts der sich rasant verändernden Agrarwirtschaft – ihre Idee, einmal zurückzuschauen und den Umbruch durch die Einführung der Traktoren zur Mitte des 20. Jahrhunderts genauer zu betrachten – und zwar durch die Augen von Zeitzeugen, von denen es mittlerweile nicht mehr viele gibt.

So entstand Ende 2017 zunächst ihr Dokumentarfilm „Als der Trecker kam und das Pferd verschwand", der die damalige Zeit wieder zum Leben erweckt. Die Erzählungen der Landwirte beeindruckten und begeisterten aber nicht nur zahlreiche Zuschauer, sondern auch das Filmemacherpaar selbst – und so entwickelte sich auf allen Seiten schnell der Wunsch nach einem Buch, das sich noch intensiver und umfangreicher diesem Thema widmet – mit weiteren Erinnerungen der Zeitzeugen und neuem Bild- und Infomaterial. Das vorliegende Buch will – wie der Film – dazu beitragen, dass die damalige Lebenswelt und -leistung der Bauern sowie die einmalige „Revolution auf dem Acker" und ihre Bedeutung für die Menschen nicht vergessen wird – gerade auch im Hinblick auf den heutigen Diskurs rund um die Zukunft der Landwirtschaft.

BILDNACHWEIS

Alle Fotos sind urheberrechtlich geschützt. Jedwede Vervielfältigung, Weiterverbreitung oder anderweitige Nutzung der Abbildungen ist untersagt.

Vorwort
S. 4 Privatfoto Heinrich von Seggern
S. 6 Deutscher Bauernverband
S. 7 Privatfoto Heinrich von Seggern
S. 8 Privatfoto Hermann Dieck
S. 10 Kraftfahrzeug Bundesamt (KBA)
S. 11 Hartmut Lindner
S. 13 Privatfoto Heinrich von Seggern
S. 15 Privatfoto Hermann Dieck
S. 16 Privatfoto Hermann Dieck
S. 17 Privatfoto Hermann Dieck
S. 18 Privatfoto Hermann Dieck
S. 20 Privatfoto Hermann Dieck
S. 23 Privatfoto Hermann Dieck
S. 24 Privatfoto Hermann Dieck
S. 25 Privatfoto Hermann Dieck
S. 27 Privatfoto Hermann Dieck
S. 28 Privatfoto Heinrich Fricke
S. 30 Privatfoto Heinrich Fricke
S. 32 Privatfoto Heinrich Fricke
S. 33 Privatfoto Heinrich Fricke
S. 35 Privatfoto Heinrich Fricke
S. 36 Privatfoto Heinrich Fricke
S. 37 Privatfoto Heinrich Fricke
S. 39 Privatfoto Rudolf Schwarting
S. 40 Privatfoto Rudolf Schwarting
S. 41 Privatfoto Rudolf Schwarting
S. 43 Privatfoto Hermann Dieck
S. 46 Privatfoto Heinrich von Seggern
S. 49 Privatfoto Heinrich von Seggern
S. 50 Privatfoto Rudolf Schwarting
S. 51 Privatfoto Rudolf Schwarting
S. 52 Privatfoto Heinrich Fricke
S. 54 mawi media
S. 55 Amazonen-Werke H. Dreyer GmbH & Co. KG
S. 56 Amazonen-Werke H. Dreyer GmbH & Co. KG
S. 58 GRIMME Landmaschinenfabrik GmbH & Co. KG
S. 60 Privatfoto Heinrich von Seggern
S. 61 Privatfoto Rudolf Schwarting
S. 63 Privatfoto Hermann Dieck
S. 64 PRIVAT-BRAUEREI ERNST BARRE GMBH
S. 65 Privatfoto Hermann Dieck
S. 67 Privatfoto Hermann Dieck
S. 68 Privatfoto Rudolf Schwarting
S. 71 Privatfoto Hermann Dieck
S. 72 Privatfoto Heinrich Fricke
S. 74 Privatfoto Heinrich Fricke
S. 75 Privatfoto Heinrich Fricke
S. 76 Privatfoto Heinrich Fricke
S. 79 Privatfoto Rudolf Schwarting
S. 81 Privatfoto Heinrich Fricke
S. 82 Bernard Krone Holding SE & Co. KG
S. 84 Bernard Krone Holding SE & Co. KG
S. 85 www.fahrzeugseiten.de
S. 86 Bernard Krone Holding SE & Co. KG
S. 87 Dr. Ing. h.c. F. Porsche AG
S. 88 Dr. Ing. h.c. F. Porsche AG
S. 89 Privatfoto Hermann Dieck
S. 90 www.fahrzeugseiten.de
S. 93 Privatfoto Heinrich Fricke

S. 95 Bernard Krone Holding SE & Co. KG
S. 96 Amazonen-Werke H. Dreyer GmbH & Co. KG
S. 98 Bernard Krone Holding SE & Co. KG
S. 99 Amazonen-Werke H. Dreyer GmbH & Co. KG
S. 100 mawi media
S. 103 Fricke Holding GmbH
S. 104 Amazonen-Werke H. Dreyer GmbH & Co. KG
S. 105 (unten) Amazonen-Werke H. Dreyer GmbH & Co. KG
S. 105 (oben) Privatfoto Hermann Dieck
S. 107 Fricke Holding GmbH
S. 109 Stiftung Genossenschaftliches Archiv SdbR, vertreten durch Vorstandsvorsitzenden Dr. Martin Kleinfeld
S. 110 Stiftung Genossenschaftliches Archiv SdbR, vertreten durch Vorstandsvorsitzenden Dr. Martin Kleinfeld
S. 111 Bernard Krone Holding SE & Co. KG
S. 112 Bernard Krone Holding SE & Co. KG
S. 114 Gebr. Kemper GmbH + Co. KG
S. 115 Deutscher Landfrauenverband (dlv)
S. 116 Privatfoto Hermann Dieck
S. 118 (oben) Privatfoto Heinrich von Seggern
S. 118 (unten) Privatfoto Heinrich Fricke
S. 119 Privatfoto Hermann Dieck
S. 120 Miele & Cie. KG
S. 123 (links) Amazonen-Werke H. Dreyer GmbH & Co. KG
S. 123 (rechts) Gebr. Kemper GmbH + Co. KG
S. 124 Amazonen-Werke H. Dreyer GmbH & Co. KG
S. 125 Bernard Krone Holding SE & Co. KG
S. 126 Amazonen-Werke H. Dreyer GmbH & Co. KG
S. 127 Privatfoto Hermann Dieck
S. 128 www.fahrzeugseiten.de
S. 129 GRIMME Landmaschinenfabrik GmbH & Co. KG
S. 130 CLAAS KGaA mbH
S. 131 Privatfoto Hermann Dieck
S. 132 (links) www.fahrzeugseiten.de
S. 132 (rechts) Amazonen-Werke H. Dreyer GmbH & Co. KG
S. 133 Fricke Holding GmbH
S. 134 Fricke Holding GmbH
S. 137 Bernard Krone Holding SE & Co. KG
S. 138 Privatfoto Hermann Dieck
S. 140 Maschinenring Zeven
S. 141 CLAAS KGaA mbH
S. 143 CLAAS KGaA mbH
S. 144 Privatfoto Hermann Dieck
S. 146 mawi media
S. 148 Privatfoto Hermann Dieck
S. 149 CLAAS KGaA mbH
S. 151 CLAAS KGaA mbH
S. 152 Privatfoto Heinrich von Seggern
S. 155 mawi media

Lassen Sie sich begeistern …

Als der Trecker kam und das Pferd verschwand (DVD)

Landwirte erinnern sich

Produktion: mawi media
Marion Wilk und Ernst Matthiesen

Filmlänge: ca. 60 Minuten
ISBN 978-3-7843-5610-5

Von Kühen, Schweinen und ihren Menschen

Ein Blick hinter Stalltüren

Ulrike Siegel

224 Seiten | 12 x 18 cm
Softcover

ISBN 978-3-7843-5585-6

Landwirtschaft jenseits aller Klischees

Tierhaltung und besonders die Nutztierhaltung in der Landwirtschaft gerät immer mehr in den Blickpunkt der Öffentlichkeit. Gerne wird dabei industrielle Massentierhaltung gegen die vermeintlich kleinbäuerliche Idylle mit glücklichen Tieren ausgespielt. Doch wie sieht die Realität auf deutschen Höfen wirklich aus? Wie leben und arbeiten Menschen heute mit Tieren in der Landwirtschaft?
In 20 Beiträgen schreiben Bäuerinnen und Bauern aus verschiedensten Zweigen von ihren Erfahrungen, den Entwicklungen und ihren Eindrücken und beschreiben so ihr Verhältnis zu ihren Tieren. Ein wichtiger Beitrag zur aktuellen Werte- und Qualitätsdiskussion.

BuchWELTshop.de

Stallschwalben

Autobiografische Geschichten
einer Bauerntochter

Ulrike Siegel

192 Seiten | 13 x 19 cm
Klappenbroschur

ISBN 978-3-7843-5583-2

„Das publizistische Werk von Ulrike Siegel hat historische Dimensionen: Erstmals wurde darin die Lebenswelt des Bauernhofes von innen beleuchtet. Sie gibt Einblicke in das Landleben in einer entscheidenden Übergangsepoche und hat damit Zeitdokumente geschaffen, die ein wichtiges Stück Geschichte anschaulich machen."

Bernd Hüttner, Politologe Bremen

Wenn Landwirtschaft und Natur ein Leben prägen

Als Kind träumte Ulrike Siegel gerne den Zugvögeln hinterher. Nie hat sie den Tag verpasst, wenn die Schwalben den Stall verließen und sich versammelten, um gemeinsam gen Afrika zu fliegen. Für sie, die Bauerntochter, war das ein Tag voller Sehnsucht: Wie es sich wohl anfühlt, einfach so den Bauernhof zu verlassen und die Welt zu erkunden? Ihr Leben hingegen wird vom elterlichen Hof und von den langen Tagen mit harter Arbeit in der Landwirtschaft geprägt.

In ihrem Buch „Stallschwalben" zeigt uns Ulrike Siegel, wie vielschichtig das Leben auf dem Land ist. Dabei scheut sie nicht vor heiklen Themen zurück und lenkt den Blick bewusst auf Widersprüche:

Landwirtschaft früher und heute – ein spannendes Stück Zeitgeschichte

Ein Leben in und mit der Natur – eine Bäuerin erzählt

Schnörkellos, anrührend, ehrlich – Geschichten vom Leben auf dem Bauernhof.

BuchWELTshop.de

IMPRESSUM

LV.Buch im Landwirtschaftsverlag GmbH, 48084 Münster
© Landwirtschaftsverlag GmbH, Münster-Hiltrup, 2018

5. Auflage 2022

Das Werk einschließlich aller seiner Teile ist urheberrechtlich geschützt. Jede Verwertung außerhalb der engen Grenzen des Urheberrechtsgesetzes ist ohne Zustimmung des Verlages unzulässig und strafbar. Das gilt insbesondere für Vervielfältigungen, Übersetzungen und die Einspeicherung und Verarbeitung in elektronischen Systemen. Die Informationen in diesem Buch wurden nach bestem Wissen zusammengestellt. Alle Empfehlungen sind ohne Gewähr seitens des Autors oder des Verlegers, der für die Verwertung dieser Informationen jede Verantwortung ablehnt.

Fachlektorat: Heinz-Günter Topüth, Münster
Gestaltung: LV.Buch im Landwirtschaftsverlag GmbH
Druck: Grafisches Centrum Cuno, Calbe

ISBN 978-3-7843-5608-2